智能变电站
二次系统现场调试技术

主　编◎刘　洋　　高晓芳　　郑永康　　王维博

副主编◎周东旭　　裴海林　　王　磊　　徐玉伟

　　　　毛德超　彭　宇

河海大学出版社
HOHAI UNIVERSITY PRESS
·南京·

内容提要

本书是从现场运维角度出发,结合国内多省的相关工作经验,由浅入深地介绍目前智能变电站术语和定义、智能变电站自动化系统结构、智能变电站二次设备配置、智能变电站检修作业现场二次安全措施实施原则,同时详细讲解了智能变电站二次调试技术等内容。

本书不仅可以为智能变电站运维人员和技术管理人员所使用,还可作为相关电力企业二次专业培训参考用书。

图书在版编目(CIP)数据

智能变电站二次系统现场调试技术 / 刘洋等主编
. -- 南京:河海大学出版社,2020.10
　　ISBN 978-7-5630-6477-9

　　Ⅰ. ①智… Ⅱ. ①刘… Ⅲ. ①智能系统—变电所—二次系统—调试方法 Ⅳ. ①TM63

　　中国版本图书馆 CIP 数据核字(2020)第 178598 号

书　　名	智能变电站二次系统现场调试技术
书　　号	ISBN 978-7-5630-6477-9
责任编辑	齐　岩
特约校对	朱阿祥
封面设计	黄　煜
出版发行	河海大学出版社
地　　址	南京市西康路 1 号(邮编:210098)
电　　话	(025)83737852(总编室) (025)83722833(营销部)
经　　销	江苏省新华发行集团有限公司
排　　版	南京布克文化发展有限公司
印　　刷	广东虎彩云印刷有限公司
开　　本	787 毫米×1092 毫米　1/16
印　　张	9.5
字　　数	237 千字
版　　次	2020 年 10 月第 1 版
印　　次	2020 年 10 月第 1 次印刷
定　　价	48.00 元

编写组

主　编：刘　洋　　高晓芳　　郑永康　　王维博

副主编：周东旭　　裴海林　　王　磊　　徐玉伟　　毛德超　　彭　宇

参　编：肖万芳　　吴晓媛　　陈　希　　和丽秀　　诸军军　　杨　潇

　　　　王　赛　　张　钦　　白　旭　　杨　跃　　温俊鸿　　朱明斯

　　　　韩　冬　　韩丽娟　　阳　薇　　王　伟　　寇阳奇　　王健伟

　　　　周小舟　　常晓青　　陈晓东　　刘　勇　　任　博　　李劲松

　　　　廖小君　　陈福锋　　陈　实　　赵　谦　　胡　兵　　黄俏音

　　　　任志军　　董一凡　　范　璞　　童晓阳　　凌淑清　　陈德辉

　　　　刘立周　　张妍昕　　梁明歆　　乔　明　　张　浩　　勾建军

　　　　郭　琦　　赵如国　　李　琦　　符廷罡　　吴　斌　　贾东强

　　　　叶远波

前　言

众所周知,在电力系统中,智能变电站是智能电网的核心组成部分,二次系统又是智能变电站的核心,所以,智能变电站二次设备的运行与维护水平的高低,对电网安全稳定运行起着至关重要的作用。继电保护是保障电网系统安全的第一道防线,是一个默默付出不求回报且拥有无限大情怀的专业,从业人员在心中有着"天下继保是一家"的共鸣,继电保护被业界誉为电力系统"静静的哨兵"。

目前,国内电力系统智能变电站增长速度非常快,二次系统新技术又引领着智能变电站的发展。回顾历史,二次专业中的继电保护技术已经面世 100 多年了,其快速更迭多代,这就要求我们要提高自己专业的技术水平,客观迫使工作人员变成一专多能,以适应新技术新方法。

本书是从现场运维角度出发,结合国内多省的相关工作经验,由浅入深地介绍目前智能变电站术语和定义、智能变电站自动化系统结构、智能变电站二次设备配置、智能变电站检修作业现场二次安全措施实施原则,同时详细讲解了智能变电站二次调试技术等内容。

在此特别感谢给予本书大力支持的领导和参与本书编写的单位及人员:国网四川省电力公司电力科学研究院、郑永康、常晓青、任博;西华大学、王维博;西南交通大学、童晓阳;国家电投集团宁夏能源铝业有限公司临河发电分公司、高晓芳;国网黑龙江省电力有限公司检修公司、韩丽娟、阳薇、王伟、梁明猷、刘立周、张妍昕、凌淑清、乔明、张浩;国网四川省电力公司、陈晓东、廖小君;中国电力科学研究院有限公司、李劲松;国网北京市电力公司城区供电公司、肖万芳;国网甘肃省电力公司兰州供电公司、周东旭;西安热工研究院有限公司、裴海林;贵州电网有限责任公司六盘水供电局、王磊;国网河南省电力公司信阳供电公司、毛德超;国网黑龙江省电力有限公司、彭宇;国网新疆电力有限公司检修公司、符廷罡、李琦;海南电网有限责任公司信息通信分公司、朱明斯;辽河油田电力公司、吴晓媛;国网湖南省电力有限公司常德供电分公司、陈希;云南电网有限责任公司迪庆供电局、和丽秀;江苏劲驰电力工程有限公司、诸军军;国网四川省电力公司阿坝供电公司、刘勇;国网四川省电力公司成都市青白江供电分公司、杨潇;国网冀北电力有限公司唐山供电公司、王赛;国网西藏电力有限公司检修公司、张钦;国网冀北电力有限公司承德供电公司、白旭;国网浙江省电力有限公司检修分公司、杨跃;广州地铁集团有限公司、温俊鸿;国网陕西省电力公司西安供电公司、韩冬、范璞;国网黑龙江省电力有限公司大兴安岭供电公司、寇阳奇;国网黑龙江省电力有限公司电力科学研究院、董一凡;国网黑龙江省电力有限公司技能培训中心、勾建军、郭琦;国网江苏省电力有限公司检修分公司、王健伟、周小舟;国网安徽省电力有限公司、叶远波;国网北京电科院、贾东强;国网徐州供电公司、吴斌;国电南京自动化股份有限公司、陈福锋、陈实、赵谦、胡兵;南瑞集团有限公司、陈德辉、赵如国;北京博电新力电气股份有限公司、黄俏音、任志军。由于编者知识水平有限,书中难免有些不足之处,请大家批评指正。

目 录

第一章

智能变电站术语和定义

智能变电站概念：采用先进、可靠、集成、低碳、环保的智能设备，以全站信息数字化、短信平台网络化、信息共享标准化为基本要求，自动完成信息采集、测量、控制、保护、计量和监测等基本功能，并可根据需要支持电网实时自动控制、智能调节、在线分析决策、协同互动等高级功能的变电站。

① 虚端子（virtual terminator） 描述 IED 设备的 GOOSE、SV 输入、输出信号连接点的总称，用以标识过程层、间隔层及其之间联系的二次回路信号，等同于传统变电站的屏端子。

② 虚连线（virtual connection） 利用 GOOSE、SV 实现 IED 设备之间信息输入、输出的连接关系，用以标识 IED 虚端子之间的连接逻辑。

③ 合并单元 MU（merging unit） 用以对来自二次转换器的电流和（或）电压数据进行时间相关组合的物理单元。合并单元可是互感器的一个组成件，也可是一个分立单元。

④ 合并单元额定延时（rated delay time of merging unit） 从电流或电压量输入的时刻到数字信号发送时刻之间的时间间隔。

⑤ 采样率（sampling rate） 每秒从连续信号中提取并组成离散信号的采样个数，用赫兹（Hz）来表示。采样频率的倒数是采样周期或者采样时间，它是采样之间的时间间隔。

⑥ 采样同步（sampling synchronous） 订阅者接收到采样数据后，对采样数据进行本地处理，然后提供给本装置使用该采样值，并完成相应的保护及其他运算逻辑。

⑦ 智能终端（intelligent terminal） 一种智能组件。与一次设备采用电缆连接，与保护、测控等二次设备采用光纤连接，实现对一次设备（如断路器、刀闸、主变压器等）的测量、控制等功能。

⑧ 直采直跳（direct sampling direct trip） 直接采样是指智能电子设备间不经过交换机而以点对点连接方式直接进行采样值传输。直接跳闸是指智能电子设备间不经过交换机而以点对点连接方式直接进行跳合闸信号的传输。

⑨ 直采网跳（direct sampling network trip） 直接采样是指智能电子设备间不经过交换机而以点对点连接方式直接进行采样值传输。网络跳闸是指智能电子设备间经过交换机的方式进行跳合闸信号的传输，通过网络划分 VLAN 的方式避免信息流过大。

⑩ 网采网跳（network sampling network trip） 网络采样是指智能电子设备间经过交换机的方式进行采样值传输共享。网络跳闸是指智能电子设备间经过交换机的方式进行跳合闸信号的传输，通过网络划分 VLAN 的方式避免信息流过大。

⑪ 检修压板(maintenance isolator) 智能变电站检修压板属于硬压板,检修压板投入时,相应装置发出的 SV、GOOSE 报文均会带有检修品质标识,下一级设备接收的报文与本装置检修压板状态进行一致性比较判断,如果两侧装置检修状态一致,则对此报文作有效处理,否则作无效处理。

⑫ 软压板(virtual isolator) 通过装置的软件实现保护功能或自动功能等投退的压板。该压板投退状态应被保存并掉电保持,可查看或通过通信上送。装置应支持单个软压板的投退命令。

⑬ 变电站自动化系统(substation automation system) 变电站自动化系统可实现变电站内自动化,包括智能电子设备和通信网络设施。

⑭ 远方终端RTU(remote terminal unit) 远方终端是指远方站内安装的远动设备。主要完成数据信号的采集、转换处理,并按照规约格式要求向主站发送信号、接收主站发来的询问、召唤和控制信号,实现控制信号的返送校核并向设备发出控制信号,完成远动设备本身的自检、自启动等。在需要的时候可担负适当的当地功能,如当地显示(数字显示或屏幕显示)、打印(正常打印或事故打印)、报警等。

⑮ 以太网(ethernet) 由 Xerox 公司创建并由 Xerox、Intel 和 DEC 公司联合开发的基带局域网规范,是当今现有局域网采用的最通用的通信协议标准。以太网络使用 CSMA/CD(载波监听多路访问及冲突检测)技术,并以 10M/s 的速度运行在多种类型的电缆上。目前,以太网标准为 IEEE802.3 系列标准。

⑯ 局域网LAN(local area network) 局域网是指在某一区域内由多台计算机互联成的计算机组。范围一般是方圆几千米以内。局域网可以实现文件管理、应用软件共享、打印机共享、工作组内的日程安排、电子邮件和传真通信服务等功能。局域网是封闭型的,可以由办公室内的两台计算机组成,也可以由一个公司内的上千台计算机组成。

⑰ 交换机(switch) 一种有源的网络元件。交换机连接两个或多个子网,子网本身可由数个网段通过转发器连接而成。交换机建立起所谓碰撞域的边界。由交换机分开的子网之间不会发生碰撞,目的是特定子网的数据包不会出现在其他子网上。为达此目的,交换机必须知道所连各站的硬件地址。在仅有一个有源网络元件连接到交换机一个口情况下,可避免网络碰撞。

⑱ 端口镜像(port mirroring) 端口镜像是指交换机把一个或多个端口的数据复制到一个或多个目的端口的方法,被复制的端口为镜像源端口,复制的端口为镜像目的端口。

⑲ 网桥(bridge) 一种在链路层通过帧转发,并根据 MAC 分区实现中继和网络隔离的技术,常用于连接两个或多个局域网的网络互联设备。网桥可以是专门的硬件设备,也可以由计算机加装的网桥软件来实现。

⑳ 集线器(hub) 集线器的主要功能是对接收到的信号进行再生整形放大,以扩大网络的传输距离,同时把所有节点集中在以它为中心的节点上。它工作于 OSI(开放系统互联参考模型)参考模型第一层,即物理层。

㉑ 广播风暴(broadcasting storm) 一个数据帧或包被传输到本地网段(由广播域定义)上的每个节点就是广播;由网络拓扑的设计和连接问题,或其他原因导致广播在网段内大量复制、传播数据帧,使网络性能下降,甚至网络瘫痪,就是广播风暴。

㉒ 虚拟局域网VLAN(virtual local area network) 虚拟局域网指将局域网设备从逻

辑上划分成一个个网段,用来将大型网络划分为多个虚拟小网络,从而解决广播和组播流量占据太多带宽的问题,提供更高的网络段间安全性。

㉓ VLAN 标签协议(VLAN tag protocol) 用来指示 VLAN 的成员,它封装在能够穿越局域网的帧里。

㉔ 物理端口(interface) 硬件上的插口(比如机箱后的那些插口),是真正存在的。

㉕ 网络协议(network protocol) 为网络数据交换制定的约定与标准,是一种规则的组合。

㉖ 网络架构(network structure) 为了完成计算机的通信合作,把每个计算机互联的功能划分为定义明确的层次,规定了同层次间通信的协议及相邻层之间的接口与服务。将这些同层次间通信的协议及相邻层之间的接口称为网络体系架构。

㉗ IP(internet protocol) 为计算机网络相互连接进行通信而设计的协议。在因特网中,它是能使连接到网上的所有计算机网络实现相互通信的一套规则,规定了计算机在因特网上进行通信时应当遵守的规则。

㉘ TCP(transmission control protocol) 传输控制协议,TCP 是一种面向连接(连接导向)的、可靠的、基于字节流的运输层(Transport layer)通信协议。

㉙ TCP/IP(transmission control protocol/internet protocol) 传输控制协议/网际协议,是一个工业标准的协议集,它是为广域网设计的。

㉚ 访问点(access point) 表示智能电子设备的通信访问点。访问点可以是一个串行口、一个以太网连接或是由所用协议栈决定的客户或服务器地址。智能电子设备到通信总线上的每一个访问点具有唯一标识。每一个服务器仅有一个逻辑上的访问点。

㉛ MAC(media access control) 介质访问控制,介质访问控制层包含访问局域网的特殊方法。

㉜ MAC 地址(MAC address) 也叫硬件地址,表示网络上每一个站点的标识符,采用十六进制表示,共六个字节(48 位)。

㉝ 虚拟专用网(virtual private network) 建立在实在网路(或称物理网路)基础上的一种功能性网络,或者说是一种专用网的组网方式,简称 VPN。它向使用者提供一般专用网所具有的功能,但本身却不是一个独立的物理网路;也可以说虚拟专用网是一种逻辑上的专用网络。"虚拟"表明它在构成上有别于实在的物理网路,但对使用者来说,它在功能上则与实在的专用网完全相同。

㉞ 抽象通信服务接口(ACSI) 智能电子设备(IED)的一个虚拟接口,为逻辑设备、逻辑节点、数据和数据属性提供抽象信息建模方法,为连接、变量访问、主动数据传输、装置控制及文件传输服务等提供通信服务,与实际所用通信栈和协议集无关。

㉟ 报文(message) 网络中交换与传输的数据单元,即站点一次性要发送的数据块。报文包含了将要发送的完整的数据信息,其长短不一致,长度不限且可变。报文也是网络传输的单位,在传输过程中会不断地封装成分组、包、帧来传输,封装的方式就是添加一些信息段,即报文头以一定格式组织起来的数据。

㊱ 布尔量(boolean) 只有两个截然相反答案的情况在数学及电子技术中称为布尔量,它的答案称为布尔值。布尔值只有两个:true 和 false,它们的运算为逻辑运算。

㊲ 帧(frame) 在网络中,计算机通信传输的是由"0"和"1"构成的二进制数据,二进制

数据组成帧，帧是网络传输的最小单位。

㊳ 单播(unicast) 在发送者和每一接收者之间实现点对点的网络连接。如果一台发送者同时给多个接收者传输相同的数据，也必须相应地复制多份相同数据包。

㊴ ICD(IED capability description) IED能力描述文件，文件描述IED提供的基本数据模型及服务，但不包含IED实例名称和通信参数。

㊵ SSD(system specification description) 系统规格文件，描述变电站一次系统结构以及相关联的逻辑节点，最终包含在SCD文件中。

㊶ SCD(substation configuration description) 全站系统配置文件，描述所有IED的实例配置和通信参数、IED之间的通信配置以及变电站一次系统结构，由系统集成厂商完成。SCD文件应包含版本修改信息，明确描述修改时间、修改版本号等内容。

㊷ CID(configured IED description) CID是IED实例配置文件，由装置厂商根据SCD文件中本IED相关配置生成，描述IED的实例配置和通信参数。

㊸ 逻辑系统(logical system) 逻辑系统是指完成某种整体任务的全部应用功能(逻辑节点)通信集，如变电站管理。

㊹ 逻辑连接(logical connection) 逻辑连接是指逻辑节点之间的通信链路。

㊺ 逻辑设备LD(logical device) 逻辑设备是指一种在逻辑意义上存在的设备，在未加以定义前，它不代表任何硬件设备和实际设备。逻辑设备是系统提供的，它也是一种为提高设备利用率，采用某种I/O技术独立于物理设备而进行输入输出操作的"虚拟设备"，在智能变电站中代表一组典型变电站功能的实体。

㊻ 逻辑节点LN(logical node) 逻辑节点是指一个交换数据功能的最小部分。逻辑节点是由其数据和方法定义的对象。

㊼ 数据(data) 数据是指智能电子设备中，各种应用的具有意义、结构化的信息，它可读、可写。

㊽ 数据对象DO(data object) 一个逻辑节点的对象部分，代表特定信息，如状态或测量量。数据对象是由数据属性构成的公用数据类的命名实例。

㊾ 数据属性DA(data attribute) 定义可能数值的名称(语义)、格式、范围，传输时表示该数值。

㊿ 品质位(quality) 传输数据时，数据本身自带的描述内容之一，表示数据本身的品质属性，如无效、检修等。

(51) 服务(service) 服务是指可用一系列服务原语建模的资源的功能方面能力。服务原语指抽象的、独立实现的、要求服务者和提供服务者之间的交互描述。

(52) 服务器(server) 服务器是为客户端服务的，服务的内容诸如向客户端提供资源、保存客户端数据等。服务器为客户服务或发出非请求报文的实体。

(53) 发布/订阅(publish/subscribe) 发布/订阅是一种消息范式，消息的发送者(发布者)不是有计划地发送其消息给特定的接收者(订阅者)，而是发布的消息分为不同的类别，且不需要知道什么样的订阅者订阅。订阅者对一个或多个类别表达兴趣，于是只接收感兴趣的消息，而不需要知道什么样的发布者发布的消息。这种发布者和订阅者的解耦可以允许更好的可扩放性和更为动态的网络拓扑。

(54) 控制块(control block) 控制从一个逻辑节点向一个客户端报告数据值的过程。

(55) GOOSE 控制块 GOCB(GOOSE control block) 用于控制 IED 生成各种不同 GOOSE 报文的过程。

(56) GOOSE(generic object oriented substation event) 一种面向通用对象的变电站事件，主要用于实现多 IED 间的信息传递，包括传输跳合闸信号(命令)，具有高传输成功概率。

(57) 状态号(StNum) StNum 参数是一个计数器，每发送一次 GOOSE 报文并且由 DataSet 规定的 DATA -SET 检出了值的改变，计数器加 1。StNum 的初始值为 1，值 0 为保留。

(58) 顺序号(SqNum) SqNum 参数是一个计数器，每发送一次 GOOSE 报文，这个序号加 1。SqNum 的初始值为 1，值 0 为保留。

(59) SV(sampled vlue) SV 是指采样值数字化传输信息 基于发布/订阅机制，是过程层与间隔层设备之间通信的重要组成部分，通过 GB-20840、IEC 61850-9-2 等相关标准规范 SV 信息通信过程，交换采样数据集中的采样值的相关模型对象和服务，以及这些模型对象和服务到 ISO/IEC 8802-3 帧之间的映射。

(60) MMS(manufacturing message specification) MMS 是指制造报文规范，是 ISO/IEC 9506 标准定义的一套用于工业控制系统的通信协议。MMS 规范了工业领域具有通信能力的智能传感器、智能电子设备(IED)、智能控制设备的通信行为，使出自不同制造商的设备之间具有互操作性。

第二章

智能变电站继电保护系统配置介绍

第一节 智能变电站继电保护概况

继电保护是确保电网安全的第一道防线,在整个智能变电站中极为重要,继电保护装置是能反映电力系统中电气设备发生故障或不正常运行状态,并动作于断路器跳闸或发出信号的一种自动装置。

传统变电站继电保护装置是通过二次电缆将传统电流、电压互感器的模拟量信号接入,同时通过二次电缆接入断路器机构的位置、状态等开关量信号,保护装置完成 A/D 转换后,再由逻辑执行单元完成继电保护的逻辑,最终驱动继电器,通过二次电缆向断路器机构发送分、合闸命令,完成对断路器的控制,其基本数据流如图 2-1 所示。

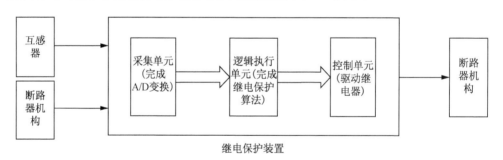

图 2-1 传统变电站继电保护装置数据流——二次电缆

与传统变电站继电保护装置相比,智能变电站继电保护具有信息数字化、通信平台网络化和信息共享标准化三大特点。继电保护装置采用统一的通信规约,通过过程层网络获取和发送信息,过程层网络架构在智能变电站发展过程中有点对点、组网等不同工程实践。智能变电站继电保护装置的形态与传统继电保护装置有以下不同。

(1) 采用统一的变电站通信标准 IEC 61850

智能变电站最关键的技术,也是有别于常规变电站的基本点就是采用了 IEC 61850 通信标准。IEC 61850 标准是迄今为止最为完善的变电站自动化通信标准,其制定的目的是解决各 IED 设备之间的互操作性。它的制定和发布为构建智能变电站的通信网络提供了理论基础和技术依据,已成为变电站自动化系统的国际标准。我国等同采用,并作为电力行业标准,标准代号为 DL/T 860 系列。

（2）采集单元前置

智能变电站继电保护装置直接通过过程层网络获取电气量和开关量信息。智能变电站中的互感器可以选择传统互感器或电子式互感器。传统互感器,通过合并单元完成 A/D 转换和数据的集成;电子式互感器,由互感器本身完成数字转换,直接输出数字量信息,通过合并单元完成数据的集成。诸如断路器位置等开关量信息则是通过智能终端进行采集并转换为数字信号。

（3）控制单元后移

智能变电站继电保护装置的控制信息以组播报文的形式发布到过程层网络,而智能终端则通过订阅从过程层网络获得控制信息,驱动继电器完成对开关的控制。智能变电站继电保护装置数据流如图 2-2 所示。

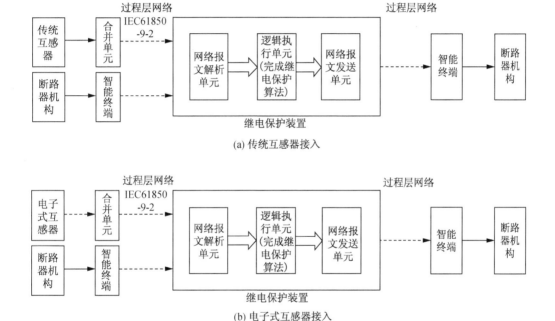

图 2-2　智能变电站继电保护装置数据流

第二节　继电保护相关的过程层设备

智能变电站继电保护系统通过过程层设备完成信息的数字化,下面介绍与继电保护相关的过程层设备。

（1）电子式互感器

电子式互感器具有体积小、重量轻、频带响应宽、无饱和现象、无油化结构、便于向数字化和微机化发展等优点,在国内智能变电站发展的过程中曾被广泛应用。目前,国内使用较多的有有源式电流互感器(罗氏线圈)、无源式电子电流互感器(磁光玻璃、全光纤),分压式电子式电压互感器分为电阻分压、电容分压、阻容分压等。

常规的电磁式互感器输出模拟信号,并且通过电缆直接接入相关继电保护、测控等间隔层二次设备。而电子式互感器输出数字信号,并通过光纤接入本间隔合并单元,先由合并单元完成对本间隔内所有数字信号的同步处理,再发送给相关的间隔层二次设备,间隔层二次设备不能直接接入电子式互感器的数字信号。

电子式互感器(图 2-3)与数字量输入式合并单元间采用串行通信,其通信规约的链路层选定 IEC 60044-8 的 FT3 帧格式。在应用层方面,由于在技术发展的初始阶段缺乏统一的接口规范,且同一设备制造厂家的电子式互感器与合并单元通常配套使用,因此早期电子式互感器与合并单元之间的通信规约基本都由各设备制造厂家自己定义,属于厂家的私有规约,这就造成不同厂家间的电子式互感器与合并单元不能配合使用。而《DL/T 282—2018 合并单元技术条件》对电子式互感器与合并单元间的通信接口进行规范,为不同厂家间的电子式互感器与合并单元的配合提供了技术支撑。

图 2-3　电子式互感器

(2)合并单元

合并单元为智能电子设备提供一组时间同步(相关)的电流和电压采样值。其主要功能是汇集多个互感器的输出信号,获取电力系统电流和电压瞬时值,并以确定的数据品质传输到电力系统电气测量仪器和继电保护设备。

按照输入信号类型的不同,可将合并单元分为两类:

① 模拟量输入式合并单元:配套电磁式互感器使用,通过电缆接入电流、电压模拟信号。

② 数字量输入式合并单元:配套电子式互感器使用,通过光纤接入电流、电压的数字信号。

按照使用场合的不同,也可将合并单元分为两类:

① 间隔合并单元

用于线路、母联、分段、变压器各侧等需要接入电流的间隔,如有必要,间隔合并单元还须接入母线电压合并单元发送的母线电压数字信号和本间隔的间隔电压。另外,对于双母线接线的变电站,间隔合并单元还须接入两个母线隔刀位置信号,以完成电压切换功能。

② 母线电压合并单元

用于母线间隔,接入母线电压,对于双母线、单母分段等需要进行母线电压并列的接线方式,母线电压合并单元还须接入母联开关位置、母联两侧隔刀位置、PT 隔刀位置信号,以完成母线电压并列功能。

合并单元完成采样及数据处理后,以 IEC 61850-9-2 规定的帧格式输出数据到继电保护、测控等间隔层设备。另外,母线电压合并单元与间隔合并单元之间的级联通信规约除采用 IEC 61850-9-2 外,也存在部分工程采用 IEC60044-8 规定的 FT3 帧格式。

(3)智能终端

智能终端是与一次设备(如断路器、刀闸、变压器等)采用电缆连接,与保护、测控等二次设备采用光纤连接,实现对一次设备的测量、控制等功能的装置。

按照应用场合的不同,智能终端可分为三类:

① 三相智能终端:用于三相开关间隔,集成操作箱功能,可作为母线智能终端使用。

② 分相智能终端:用于分相开关间隔,集成操作箱功能。

③ 本体智能终端:用于变压器本体、电抗器间隔,可集成非电量保护功能。

智能终端通过开关量采集模块采集开关、刀闸、变压器等设备的信号量,通过模拟量小信号采集模块采集环境温、湿度等直流模拟量信号,这些信号经处理后,以 GOOSE 报文形式输出。

智能终端还接收间隔层设备发来的 GOOSE 命令,这些命令包括保护跳合闸、闭锁重合闸、遥控开关/刀闸、遥控复归等。装置在接收到命令后执行相应操作。

(4) 过程层网络交换机

在智能变电站中,间隔层和过程层之间的网络是通过过程层交换机来组网的。智能变电站过程层网络交换机,用于过程层设备的跳闸、保护之间的信息交互、开关刀闸等开关量信息的传输,即过程层网络交换机主要传输 SV(实时传输数字采样信息)和 GOOSE(面向通用对象的变电站事件,用于传输开入、开出以及联闭锁信息)报文。SV 和 GOOSE 数据帧在过程层网络交换机上传输产生的传输时延、瞬时丢包等将直接影响保护动作的可靠性,因此对过程层网络交换机数据传输的可靠性、实时性等性能有着很高的要求。

继电保护对采样的同步性要求极高,采样的不同步会造成继电保护装置的不正确动作。当过程层 SV 网络通过交换机组网时,由于网络延时的不固定性,需要对 SV 报文进行同步。一般有两种同步的技术:

① 全站统一时钟进行同步,交换机需要支持 IEEE 1588 精确时间协议,可以达到亚微秒级别时间同步精度。

② 交换机延时可测技术,交换机将报文通过交换机的时间计入 SV 报文中,继电保护装置根据 SV 报文中的延时进行同步。

第三节　智能变电站继电保护整体配置方案

智能变电站中继电保护装置的配置与传统变电站基本一致,都是面向一次设备进行配置,但是由于其采集和控制单元的特点,使得整个继电保护系统的配置与传统变电站有比较大的区别。

在整个智能变电站发展过程中,对于智能变电站继电保护系统的配置以及相关过程层网络的架构方案进行了大量的研究和实践,过程层网络架构根据其连接方式不同主要分为"点对点"和"组网"两种。"点对点"方式如图 2-4 所示,继电保护装置与合并单元或智能终端直接通过光纤连接,直接交互,不经过交换机。"组网"方式如图 2-5 所示,过程层设备(合并单元或智能终端)与交换机连接,组成网络,继电保护装置同样与交换机连接,通过网络进行信息的交互。

对于 220 kV 电压等级及以上的继电保护配置需要遵循以下原则:

① 继电保护系统应遵循完全双重化的配置原则,包括继电保护装置、合并单元、智能终端以及过程层网络。

② 过程层网络按照电压等级组网且双重化配置的保护及过程层设备,第一套保护接入 A 网,第二套保护接入 B 网,两网之间完全独立。

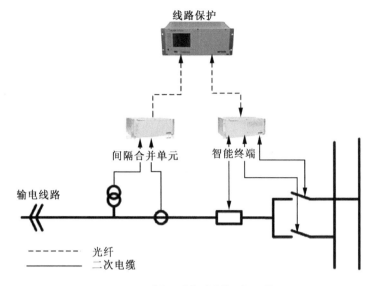

图 2-4　过程层"点对点"网络架构

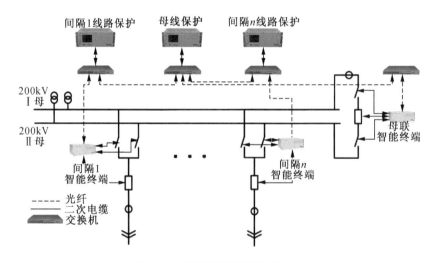

图 2-5　GOOSE"组网"网络架构

③ 继电保护装置不依赖外部对时系统实现其保护功能。

下面将介绍 500 kV、220 kV 和 110 kV 电压等级下几种典型的智能变电站继电保护配置方案。

1）500 kV 继电保护典型配置方案

500 kV 智能变电站中，500 kV 电压等级侧一般采用 3/2 断路器接线方式，配置的继电保护类型与传统变电站一致，其保护范围见表 2-1。

表 2-1　500 kV 智能变电站保护配置表

保护类型	保护功能
输电线路保护	按输电线路配置，保护输电线路，用于快速检测并切除输电线路的故障
变压器保护	按变压器配置，保护变压器，用于快速检测并切除变压器的故障

（续表）

保护类型	保护功能
母线保护	按母线配置,保护母线,用于快速检测并切除母线的故障
断路器保护	按断路器配置,保护并控制断路器,用于检测断路器失灵以及控制断路器自动重合闸
高压并联电抗器保护	按高压并联电抗器配置,保护并联电抗器,用于快速检测并切除并联电抗器内部故障
短引线保护	不完整串或线路停运时投入,保护边断路器至中断路器的连接线,用于快速检测并切除连接线内的故障

500 kV 变电站继电保护系统均完全双重化配置,即继电保护装置、相关智能终端和过程层网络均双重化。由于其重要性,继电保护的配置依照"直采直跳"和"传采数跳"的原则,即继电保护装置采用传统的二次电缆接入的方式直接从互感器采集电流、电压,通过光纤直接连接智能终端获取断路器位置等开关信息,同时控制断路器的跳合。而继电保护之间的如"启动失灵"等联闭锁的开关量信息则是通过过程层的 GOOSE 网络进行传递的。图 2-6 为 500 kV 变电站 3/2 断路器接线方式 A 套继电保护系统配置图。B 套继电保护系统设备与回路和 A 套完全相同,因此本书中后续介绍中均略去。

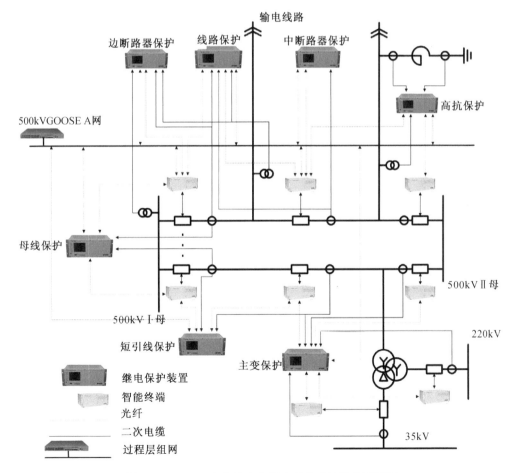

图 2-6　500 kV 变电站 A 套继电保护系统整体配置图

（1）输电线路保护

500 kV 输电线路保护用于快速检测并切除输电线路上的故障。其功能配置见表 2-2：

表 2-2　线路保护功能配置表

保护功能	功能说明
纵联保护	纵联保护是指反映线路两侧电量的保护，它可以实现全线路速动。根据原理可以分为纵联差动保护和纵联距离（方向）保护
距离保护	通过本侧电流、电压量反映故障点至保护安装处的距离的保护，用于快速切除近端故障和作为主保护的后备保护
零序过流保护	利用零序电流大小作为主判据，作为接地故障的后备保护
远方跳闸保护	经通道向线路对侧保护装置传送联跳命令，以跳开对侧断路器。一般本侧如过电压保护、高抗保护、断路器失灵保护等动作需要联跳对侧断路器
系统运行异常检测	PT、CT 回路检测等

智能变电站 500 kV 输电线路保护的配置如图 2-7 所示。输电线路保护完全双重化配置，A、B 套线路保护系统完全独立。

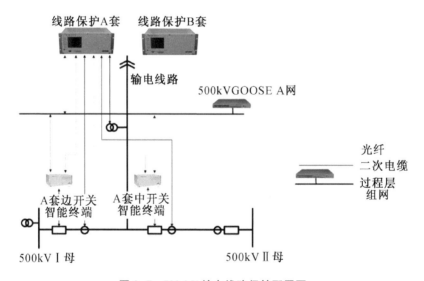

图 2-7　500 kV 输电线路保护配置图

线路保护直接通过二次电缆分别接入边断路器、中断路器 CT 和线路 PT。

线路保护通过光纤分别与边、中断路器智能终端连接，直接获取断路器位置以及机构闭锁重合闸信息并发送跳闸命令。通过光纤连接到 GOOSE 网，向边、中断路器保护发送启动重合闸、启动失灵、闭锁重合闸控制信息，同时接收边、中断路器保护失灵保护动作信号和高抗保护动作信号用于联跳对侧断路器。

（2）断路器保护

500 kV 断路器保护用于快速检测断路器失灵、死区（故障位于 CT 和断路器之间）故障，并联跳相关断路器，同时对于输电线路间隔，还具备自动重合闸的功能。其功能配置见表 2-3。

表 2-3　断路器保护功能配置表

保护功能	功能说明
断路器失灵保护	检测其他保护动作后,由于断路器失灵导致无法切除故障的事故,切除相关断路器(例如相邻母线所有断路器,线路间隔则联跳线路对侧断路器,变压器间隔则联跳变压器各侧断路器)
死区保护	检测死区(CT 和断路器之间)故障,切除相关断路器(例如相邻母线所有断路器,线路间隔则联跳线路对侧断路器,变压器间隔则联跳变压器各侧断路器)
重合闸	输电线路跳闸后自动重合

智能变电站 500 kV 断路器保护的配置如图 2-8 所示,断路器保护完全双重化配置,A、B 套断路器保护系统完全独立。

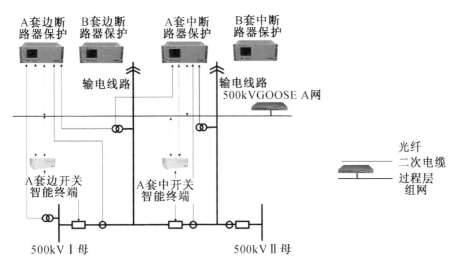

图 2-8　500 kV 边、中断路器保护配置图

边断路器保护直接通过二次电缆分别接入边断路器 CT、线路 PT 和母线 PT。

边断路器保护通过光纤与边断路器智能终端连接,直接获取边断路器位置以及机构闭锁重合闸信息,并发送跳闸、重合闸以及保护闭锁重合闸控制命令。同时通过光纤连接到 GOOSE 网,向相邻母线保护、本间隔线路保护、中断路器保护发送失灵保护动作信号,并接收相邻母线保护、本间隔线路保护、中断路器保护的跳闸信息。

中断路器保护直接通过二次电缆分别接入边断路器 CT,对于"线路-线路串",一般连接 Ⅰ 母线路 PT 作为保护电压,连接 Ⅱ 母线路电压作为同期电压。

中断路器保护通过光纤与中断路器智能终端连接,直接获取中断路器位置以及机构闭锁重合闸信息,并发送跳闸、重合闸以及保护闭锁重合闸控制命令。同时通过光纤连接到 GOOSE 网,向相邻线路保护、相邻边断路器保护发送失灵保护动作信号,并接收相邻线路保护启动失灵和闭锁重合闸信息,接收相邻边断路器保护的失灵跳闸信息。

(3) 母线保护

500 kV 母线保护用于快速检测并切除 500 kV 母线上的故障,其功能配置见表 2-4。

表 2-4　母线保护功能配置表

保护功能	功能说明
母线差动保护	由母线上各间隔 CT 构成差动保护,快速检测母线故障并跳开相关间隔断路器
失灵联跳保护	断路器失灵保护动作后联跳母线所有间隔断路器

智能变电站 500 kV 母线保护的配置如图 2-9 所示。母线保护完全双重化配置,A、B 套母线保护系统完全独立。

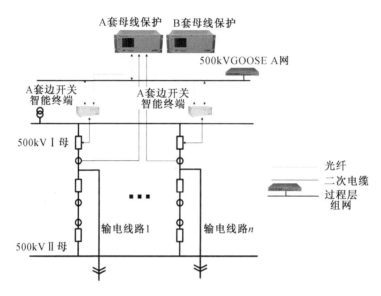

图 2-9　500 kV 母线保护配置图

母线保护直接通过二次电缆分别接入同一母线边断路器 CT。

母线保护通过光纤分别与母线上所有边断路器智能终端连接,发送跳闸命令。同时通过光纤连接到 GOOSE 网,向相邻边断路器保护发送保护动作信号,用于启动断路器失灵保护以及闭锁重合闸,并接收相邻边断路器保护的失灵保护动作信号。

（4）变压器保护

变压器保护用于检测并快速切除变压器内部故障,对于 500 kV 变压器,一般采用自耦变压器,变压器保护功能配置见表 2-5。

表 2-5　变压器保护功能配置表

保护功能	功能说明
纵联差动保护	由变压器高压侧断路器 CT、中压侧断路器 CT 和低压侧断路器 CT 构成的差动保护,用于检测并切除变压器内部故障
分侧差动保护	由变压器高压侧断路器 CT、中压侧断路器 CT 和公共绕组 CT 构成的差动保护,用于检测并切除变压器高、中压侧内部故障。不受励磁涌流影响
阻抗保护	通过同侧的电流、电压量反映故障点至保护的阻抗,作为变压器差动保护的后备保护
零序过流保护	利用零序电流大小作为主判据,作为接地故障的后备保护

（续表）

保护功能	功能说明
复合电压闭锁 过流保护	利用相电流大小作为主判据,经复合电压元件闭锁,作为相间故障的后备保护
过激磁保护	通过高压侧电压和频率反映变压器励磁情况的保护

　　智能变电站 500 kV 变压器保护的配置如图 2-10 所示。变压器保护完全双重化配置,A、B 套变压器保护系统完全独立。

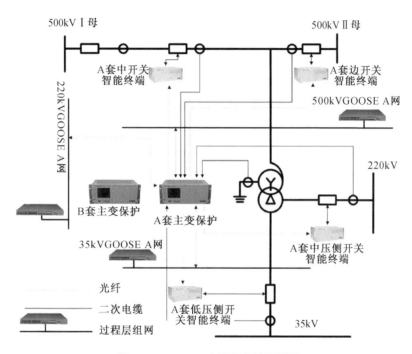

图 2-10　500 kV 变压器保护配置图

　　变压器保护通过二次电缆直接采集 500 kV 边、中开关 CT 和 200 kV 开关 CT、35 kV 开关 CT、公共绕组 CT 电流,同时通过二次电缆直接采集 500 kV 变压器 PT、220 kV 母线 PT 和 35 kV 母线 PT 电压(图中未画出)。

　　变压器保护通过光纤分别连接 500 kV 边、中断路器智能终端和 220 kV 变压器断路器智能终端、220 kV 母联断路器智能终端(图中未画出)、35 kV 变压器断路器智能终端,以及 35 kV 分段断路器智能终端(图中未画出),发送跳闸命令。同时通过光纤连接到 500 kV GOOSE 网、220 kV GOOSE 网和 35 kV GOOSE 网,通过 500 kV GOOSE 网向边、中断路器保护发送启动失灵控制命令,并接收断路器保护的失灵动作信息,通过 220 kV GOOSE 网,向 220 kV 母线保护发送启动中压侧失灵控制命令,并接收失灵联跳动作信息。

　　(5) 短引线保护

　　短引线保护用于 3/2 断路器接线方式,不完整串或一串中其中一条线路或变压器退出运行时,保护边、中断路器间的短引线。主要配置有差动保护和过流保护。

　　智能变电站 500 kV 短引线保护的配置如图 2-11 所示。短引线保护完全双重化配置,

A、B 套变压器保护系统完全独立。

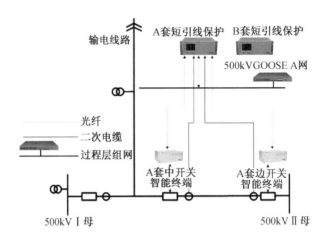

图 2-11　500 kV 短引线保护配置图

短引线保护通过二次电缆直接采集 500 kV 边、中开关 CT 电流。

短引线保护通过光纤分别与边、中断路器智能终端连接,直接获取断路器位置以及线路刀闸位置信息并发送跳闸命令。同时通过光纤连接到 GOOSE 网,向边、中断路器保护发送启动失灵、闭锁重合闸控制信息。

（6）高压并联电抗器保护

高压并联电抗器保护用于检测并快速切除并联电抗器内部故障。高压并联电抗器保护功能配置见表 2-6。

表 2-6　高压并联电抗器保护功能配置表

保护功能	功能说明
分相差动保护	由电抗器首端 CT、末端 CT 相电流构成差动保护,用于检测并切除电抗器内部故障
零序差动保护	由电抗器首端 CT、末端 CT 零序电流构成差动保护,用于检测并切除电抗器内部接地故障,灵敏度高
匝间保护	利用电抗器电压和电流反映电抗器内部匝间故障的保护
零序过流保护	利用零序电流大小作为主判据,作为接地故障的后备保护

智能变电站 500 kV 高压并联电抗器保护的配置如图 2-12 所示。高压并联电抗器保护完全双重化配置,A、B 套高压并联电抗器保护系统完全独立。

高压并联电抗器保护通过二次电缆直接采集并联电抗器首端、末端 CT 的电流以及线路 PT 电压。

高压并联电抗器保护通过光纤分别与边、中断路器智能终端连接,直接发送跳闸命令。同时通过光纤连接到 GOOSE 网,向边、中断路器保护发送启动失灵、闭锁重合闸控制信息,向线路保护发送电抗器保护动作信息,用于远跳对侧线路断路器。

2）220 kV 继电保护典型配置方案

220 kV 智能变电站中 220 kV 电压等级侧一般采用双母线接线方式,配置的继电保护类型与传统变电站一致,其保护范围见表 2-7。

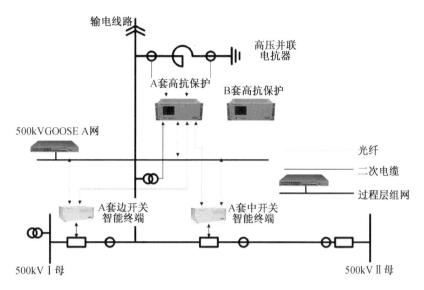

图 2-12　500 kV 高压并联电抗器保护配置图

表 2-7　220 kV 智能变电站保护配置表

保护类型	保护功能
输电线路保护	按输电线路配置,保护输电线路,用于快速检测并切除输电线路的故障
变压器保护	按变压器配置,保护变压器,用于快速检测并切除变压器的故障
母线保护	按母线配置,保护母线,用于快速检测并切除母线的故障

220 kV 变电站继电保护系统均完全双重化配置,即继电保护装置、相关的合并单元、智能终端以及过程网络均双套配置。继电保护的配置一般依照"直接采样、直接跳闸"和"数采数跳"的原则,即继电保护装置通过光纤直接连接合并单元获取电流、电压信息,同时通过光纤直接连接智能终端获取断路器位置等开关信息并控制断路器的跳合。而继电保护之间的开关量信息则是通过过程层的 GOOSE 网络进行传递的。图 2-13 为 220 kV 变电站双母接线方式 A 套继电保护系统配置图。

（1）输电线路保护

220 kV 输电线路保护用于快速检测并切除输电线路的故障,其功能配置见表 2-8。

表 2-8　输电线路保护功能配置表

保护功能	功能说明
纵联保护	纵联保护是指反映线路两侧电量的保护,它可以实现全线路速动。根据原理可以分为纵联差动保护和纵联距离（方向）保护
距离保护	通过本侧电流、电压量反映故障点至保护安装处的距离的保护,用于快速切除近端故障和作为主保护的后备保护
零序过流保护	利用零序电流大小作为主判据,作为接地故障的后备保护
远方跳闸保护	经通道向线路对侧保护装置传送联跳命令,以跳开对侧断路器。一般本侧如过电压保护、母线保护、断路器失灵保护等动作需要联跳对侧断路器
重合闸	输电线路跳闸后自动重合
系统运行异常检测	PT、CT 回路检测等

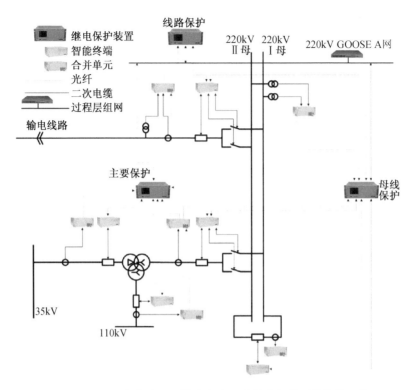

图 2-13 **220 kV 变电站双母接线方式 A 套继电保护系统整体配置图**

智能变电站 220 kV 输电线路保护的配置如图 2-14 所示。输电线路保护完全双重化配置,A、B 套线路保护系统完全独立。

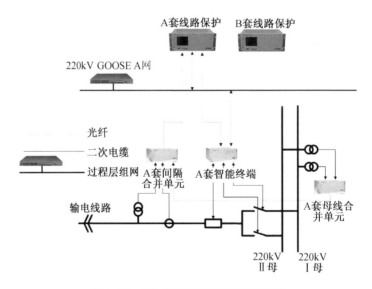

图 2-14 **220 kV 输电线路保护配置图**

母线合并单元双重化配置,通过二次电缆采集 220 kV Ⅰ母和Ⅱ母的电压,间隔合并单元按照间隔双重化配置,通过二次电缆采集线路 CT 电流以及线路 PT 电压,同时通过光纤直接连接母线合并单元,获取两组母线电压信息。间隔合并单元根据刀闸位置完成两组母线电压的切换,与线路电流、线路电压一起合并成为 SV 报文。线路保护通过光纤直接与间隔合并单元连接,获取线路电流、线路电压(用于距离、方向等保护原件的判别)和切换后母线电压(用于重合闸的同期功能)。

线路保护通过光纤与智能终端连接,直接获取断路器位置以及机构闭锁重合闸信息并发送跳闸命令。同时通过光纤连接到 GOOSE 网,向母线保护发送启动失灵控制信息,同时接收母线保护的跳闸信号用于远跳对侧线路开关。

(2) 变压器保护

变压器保护用于检测并快速切除变压器内部故障,220 kV 变压器保护功能配置见表 2-9。

表 2-9　220 kV 变压器保护功能配置表

保护功能	功能说明
纵联差动保护	由变压器高压侧断路器 CT、中压侧断路器 CT 和低压侧断路器 CT 构成的差动保护,用于检测并切除变压器内部故障
阻抗保护	通过同侧的电流、电压量反映故障点至保护的阻抗,作为变压器差动保护的后备保护
零序过流保护	利用零序电流大小作为主判据,作为接地故障的后备保护
复合电压闭锁过流保护	利用相电流大小作为主判据,经复合电压元件闭锁,作为相间故障的后备保护
间隙保护	利用变压器间隙零序电流和零序电压量作为判据,防止中性点不接地的变压器过电压

智能变电站 220 kV 变压器保护的配置如图 2-15 所示。变压器保护完全双重化配置,A、B 套变压器保护系统完全独立。

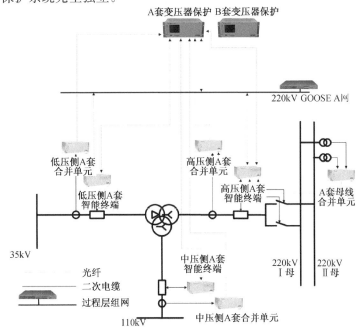

图 2-15　智能变电站 220 kV 变压器保护配置图

变压器各侧间隔合并单元通过二次电缆采集变压器各侧 CT 电流,同时通过光纤直接连接母线合并单元,获取母线合并单元的母线电压信息,并合并成为 SV 报文。变压器保护通过光纤直接与各侧间隔合并单元连接,获取各侧电流和电压。

变压器保护通过光纤与各侧智能终端连接,直接发送跳闸命令。通过光纤连接到 GOOSE 网,向母线保护发送启动失灵控制信息,同时接收母线保护的失灵联跳信号用于联跳变压器各侧断路器。

（3）母线保护

220 kV 母线保护用于快速检测并切除 220 kV 母线上的故障,其功能配置见表 2-10。

表 2-10 220 kV 母线保护功能配置表

保护功能	功能说明
母线差动保护	由母线上各间隔 CT 构成差动保护,快速检测母线故障并跳开相关断路器,分为大差和小差,大差用于识别是区内还是区外故障,小差用于定位区内故障的母线
失灵保护	检测线路/主变断路器失灵,跳母线上相邻断路器
母联（分段）失灵保护	检测母联（分段）断路器失灵,跳其两侧母线上所有断路器

智能变电站 220 kV 母线保护配置如图 2-16 所示。

母线保护通过光纤直接连接每个间隔合并单元,获取各间隔 CT 电流,连接母联合并单元,获取母联 CT 电流,连接母线合并单元,获取母线电压。

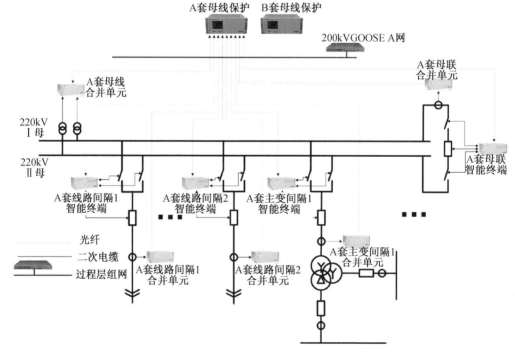

图 2-16 220 kV 母线保护配置图

母线保护通过光纤分别与母线上所有间隔智能终端连接,获取断路器位置以及刀闸位置等信息,并发送跳闸命令。同时通过光纤连接到 GOOSE 网,接收各个间隔保护的启动失灵信号,向所有线路保护发送联跳线路对侧命令,向变压器保护发送联跳变压器各侧命令。

3)110 kV 继电保护典型配置方案

典型的 110 kV 变电站主接线为高压侧(110 kV)内桥接线、低压侧(10 kV)单母分段接线。110 kV 智能变电站保护配置见表 2-11。

表 2-11 110 kV 智能变电站保护配置表

保护类型	保护功能
输电线路保护	纵联差动保护(根据实际需求选配)、距离保护、零序保护等
变压器保护	差动保护、零序过流保护、间隙保护、复压过流保护、非电量保护等
备自投	备用电源自投功能

110 kV 智能变电站继电保护通常采用"直采直跳"的配置原则,随着智能变电站技术的发展,支持 IEEE 1588 对时技术和延时可测技术的交换机日趋成熟,"网采网跳"的配置方式开始得到大家的关注,并已在部分地区开始试点应用。鉴于 500 kV 和 220 kV 变电站典型配置方案中已介绍了"直采直跳"配置方式,此处重点介绍"网采网跳"的配置方式。110 kV 变电站过程层普遍采用合智一体装置,即合并单元、智能终端功能集成在一个装置中,本章节的后续介绍中也均以合智一体为基础展开。

"网采网跳"的配置方式下,过程层网络通常采用 SV 和 GOOSE 共网的形式,并采用冗余双网配置来提高保护与合智一体之间数据交互的可靠性,即 A 套保护和合智一体装置配置过程层 A1、A2 两个网络,B 套保护和合智一体装置配置过程层 B1、B2 两个网络。

"网采网跳"的网络配置主要基于间隔交换机和中心交换机实现。下面以 A 套保护的 A1 网络为例,对网络结构进行简要介绍:同一间隔的 A 套保护装置与 A 套合智一体装置均连接至同一间隔交换机 S_n,实现本间隔的 SV 采样和 GOOSE 跳、合闸;同时,所有的间隔交换机均与中心交换机 S_0 相连,实现间隔间的信息交互和数据汇集。A 套保护的 A2 网络,以及 B 套保护的 B1、B2 网络也以相同的方式进行过程层网络的搭建,由此形成高可靠性的冗余双网配置。SV 和 GOOSE 共网的 A1 网络架构如图 2-17 所示。考虑到经济因素,在数据流量满足要求的前提下,也可以多个间隔的保护和合智一体装置共一个间隔交换机。

110 kV 智能变电站线路保护和备自投装置单套配置,变压器保护双套配置。由于变压器保护系统完全双重化配置,因此与变压器保护相关的线路合智一体、内桥合智一体、变压器低压侧合智一体以及母线合并单元须双重化配置。母线合并单元双套配置,每套合并单元均可采集两段母线的电压,且均具备电压并列功能。

110 kV 智能变电站 110 kV 侧和 10 kV 侧共同组网。

110 kV 线路保护、110 kV 备自投装置、10 kV 备自投装置、10 kV 母联多合一装置、A套变压器保护及 A 套线路合智一体、A 套内桥合智一体、A 套变压器低压侧合智一体、A 套母线合并单元接入过程层 A1、A2 网。

B 套变压器保护及 B 套线路合智一体、B 套内桥合智一体、B 套变压器低压侧合智一体、B 套母线合并单元接入过程层 B1、B2 网。B 套变压器保护与 110 kV 桥备投之间的闭锁

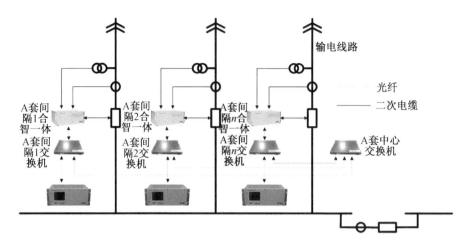

图 2-17 SV 和 GOOSE 共网的 A1 网络架构

备自投信息可采用 GOOSE 点对点方式连接，直接传输变压器保护动作信号。

110 kV 变电站内桥接线方式 A 套继电保护系统配置如图 2-18 所示。

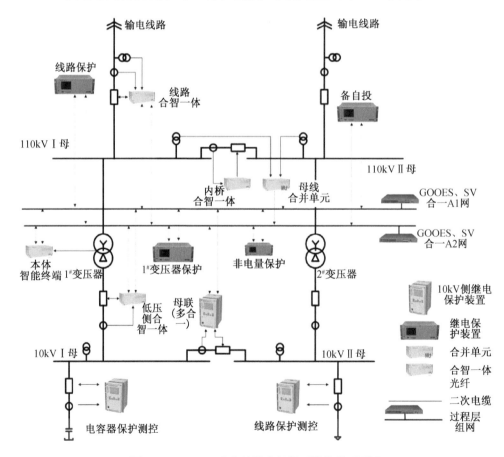

图 2-18 110 kV 变电站继电保护系统整体配置图

（1）110 kV 线路保护

110 kV 智能变电站输电线路保护配置如图 2-19 所示。

110 kV 侧输电线路保护单套配置，通过过程层 A1、A2 网获取母线合并单元的母线电压信息，线路合智一体的线路电流、电压以及断路器位置等信息，并向线路合智一体发送跳合闸命令。

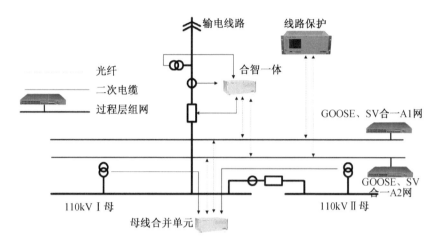

图 2-19　110 kV 输电线路保护配置图

（2）110 kV 变压器保护

110 kV 变压器保护的配置如图 2-20 所示。变压器保护完全双重化配置，A、B 套变压器保护系统完全独立。

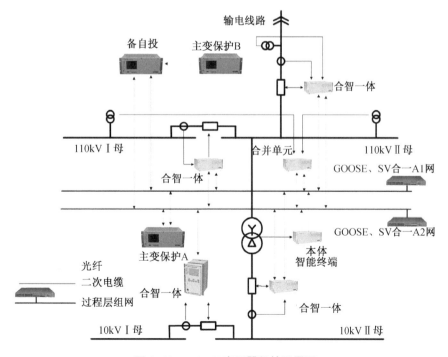

图 2-20　110 kV 变压器保护配置图

A 套变压器保护通过过程层 A1、A2 网获取各侧电流、电压信息,向各侧合智一体发送跳闸命令,同时向备自投装置发送闭锁备自投命令。

由于备自投装置单套配置,因此 B 套变压器保护与备自投装置通过 GOOSE 点对点连接,发送闭锁备自投命令。

(3) 110 kV 备自投装置

110 kV 备自投装置用于备用电源自动投入操作,其功能配置见表 2-12。

表 2-12 110 kV 备自投保护功能配置表

保护功能	功能说明
进线备自投方式	进线备自投用于实现工作进线和备用进线的自动投切
分段备自投功能	进线备自投用于实现工作进线和分段的自动投切
分段加速功能	分段断路器自投于故障母线或故障设备时,加速切除故障

智能变电站 110 kV 分段保护及备投相关配置如图 2-21 所示。110 kV 备自投装置单套配置。

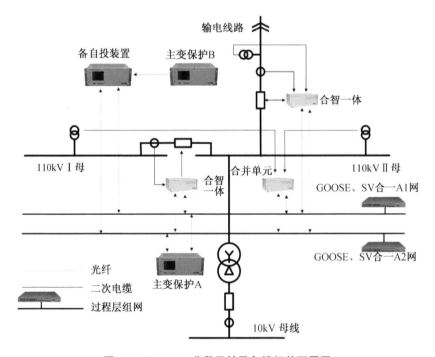

图 2-21 110 kV 分段保护及备投相关配置图

备自投装置通过过程层 A1、A2 网络获取线路电流、桥电流、母线电压等信息,接收 A 套变压器保护的闭锁备自投命令,同时向线路合智一体以及桥合智一体发送跳、合闸命令。对于 B 套变压器保护的闭锁备自投命令,通过“点对点”连接的方式进行接收。

(4) 10 kV 侧保护

110 kV 智能变电站 10 kV 侧保护单套配置,配置见表 2-13。

表 2-13　10 kV 智能变电站保护配置表

保护类型	保护功能
馈线保护	距离保护、过流保护、零序保护、低频减载、低压减载、过负荷功能等。在双端电源、新能源接入或重要负荷线路时配置纵联差动保护
站用变压器	过流保护、零序过流保护、复压过流保护等
母联(分段)保护	过流保护等
电容器保护	过流保护、零序保护、低压保护、不平衡保护等
电抗器保护	差动保护、过流保护、零序保护等
备自投	备用电源自投功能

10 kV 侧继电保护系统配置如图 2-22 所示。

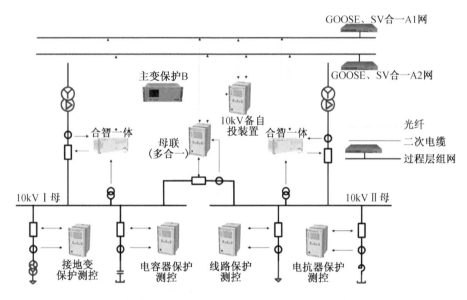

图 2-22　10 kV 侧继电保护系统整体配置图

10 kV 母联多合一装置[16]集成母联保护以及部分母联合并单元、母联智能终端的功能。母联多合一装置通过二次电缆采集母联 CT 电流并以 SV 报文的形式发送至过程层A1、A2 网络;通过二次电缆连接至母联断路器,采集断路器位置信息并将其发送至过程层A1、A2 网络,从 A1、A2 网络接收跳、合闸命令。

10 kV 备自投装置通过过程层 A1、A2 网络获取变压器低压侧合智一体及母联(分段)的电流、电压信息,并接收 A 套变压器保护的闭锁备自投命令,同时向母联多合一装置以及变压器低压侧合智一体发送跳、合闸命令。对于 B 套变压器保护的闭锁备自投命令,通过"点对点"连接的方式进行接收。

10 kV 侧其他保护就地开关柜安装,与传统变电站保护相同,采用二次电缆连接常规互感器和断路器机构。

第四节 SCD 文件配置

一、SCD 配置工具简介

PCS-SCD 工具是南瑞继保公司设计、开发的智能变电站 SCD 集成工具,具有界面清晰、功能强大、扩展灵活、易用性强等特点,在智能变电站现场调试过程中,得到业界同行的广泛应用。

工具以支持跨平台的 QT5 为开发环境,具有典型的 QT5 界面显示风格。

PCS-SCD 工具作为智能变电站的系统集成工具,其具备以下几项功能:

① 完备的、符合 SCL 标准的 SCD 文件维护历史记录;

② 完善的 SCL 数据类型模板检查和冲突处理机制;

③ 灵活、可定制的 SCL 语法和语义检查功能;

④ 强大的通信子网及参数配置、虚端子连线、数据集及数据组织功能;

⑤ 通用、灵活的对象、数据、信息条件检索功能;

⑥ 可选的、图形化的、专业的、XML 视图化的逻辑、物理连接关系展示;

⑦ 通俗易懂的四遥测点信息和业务数据展示;

⑧ 各种通用格式的配置文件、通信信息表、测点表导出。

通过双击桌面的快捷方式图标或点击"开始"菜单中的快捷启动图标,即可打开如图 2-23 所示的主界面。

主界面由菜单栏、工具栏、工作区、日志栏组成,工作区由 SCL 树形列表浏览器和功能配置 TAB 页组成。

在正式使用工具之前,需要先对工具进行一些设置,主要集中在菜单栏"工具"→"选项"中,如图 2-24 所示。点击"选项"菜单,打开"选项"界面,如图 2-23 所示。

(一)"环境"设置

"环境"选项用于控制界面边框颜色和界面显示的语言,采用默认配置即可,如图 2-25 所示。

(二)"SCL 编辑器"设置

"SCL 编辑器"选项中的内容如图 2-26 所示。

各选项含义如下:

"选项 1":用于工具自动处理 IED 模板冲突问题,必须投入,否则须人工干预处理数据类型模板冲突。

"选项 2":用于更新 ICD 时,自动刷新控制块标识,国内工程必须投入,国外工程退出。

"选项 3":投入时,在保存文件前,会先生成备份文件,然后再保存;退出时,不备份,直接在原文件基础上保存。

"选项 4":投入时,每次保存文件,会自动刷新所有 CRC 校验码;退出时,则需要人工刷新 CRC 校验码。

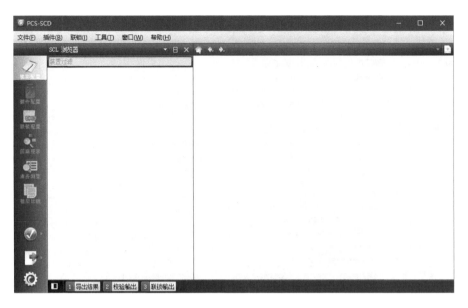

图 2-23　PCS-SCD 主界面

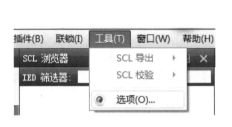

图 2-24　"选项"

图 2-25　"环境"设置

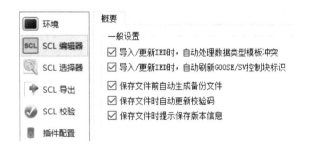

图 2-26　"SCL 编辑器"

　　"选项5":投入时,每次保存文件后,会提示是否需要保存为最新版本;退出时,保存文件后,不作任何提示,仍在原版本基础上保存。

　　(三)"SCL 选择器"设置

　　"SCL 选择器"选项中的内容如图 2-27 所示。该选项用于设置虚端子连线功能中内、外部信号的筛选条件,条件以正则表达式格式填写,采用默认值即可。

图 2-27 "SCL 选择器"

（四）"SCL 导出"设置

"SCL 导出"选项中的内容如图 2-28 所示，正常使用时按图 2-28 所示内容选择。

图 2-28 "SCL 导出"

各选项含义如下所示：

"选项 1"：投入时，导出的私有 goose.txt 文件中包含控制块的中文注解；退出时，导出的 goose.txt 文件不包含控制块的中文注解，默认勾选。

"选项 2"：投入时，导出的配置文件格式工整；退出时，导出的配置文件不带有用于对齐的空格。默认勾选。

"选项 3"：投入时，导出的私有 goose.txt 文件中的 VID 为十进制数据；退出时，导出的 goose.txt 文件中的 VID 为十六进制数据。

注:南瑞 PCS 系列装置过程层插件针对配置中的 VID,只识别十进制数据,对于非十进制数据将会被认为是 0,因此对于南瑞继保保护、测控装置,"选项 3"必须投入,其余场合按需投入。

"选项 4"~"选项 6":用于特殊情况下的配置导出,一般退出。

（五）"SCL 校验"设置

"SCL 校验"选项用于选择工具中的 SCL 语义校验告警项和告警等级,校验选项以《IEC 61850 工程继电保护应用模型》(Q/GDW 1396—2012)为依据,内容项如图 2-29 所示,国内一般采用默认设置,国外工程则须调整。

图 2-29　"SCL 校验"

（六）"插件配置"设置

"插件配置"选项用于配置南瑞继保装置的私有插件信息,其内容项如图 2-30 所示。

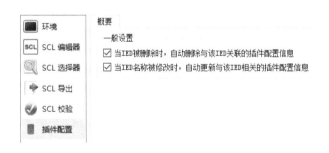

图 2-30　"插件配置"

各选项含义如下所示:

"选项 1":用于定制删除 IED 时工具的行为规则。投入时,表示同步删除与 IED 相关的插件配置信息;退出时,表示在删除 IED 时仍保留与该 IED 相关的原有插件配置信息。默认投入。

"选项 2":用于定制修改 IED Name 时工具的行为规则。投入时,表示修改 IED Name

时,同步修改与该 IED 相关的插件配置信息中的 IED Name;退出时,表示在修改 IED Name 时仍保留与 IED 相关的插件配置信息中的原有 IED Name。默认投入。

二、创建 SCD 文件

(一) 获取资料

在制作全站 SCD 文件之前,需要先取得全站各类型 IED 的正确版本的 ICD 文件、全站虚端子连线图、电气主接线图等资料性文件。

(二) 网络及参数规划

根据变电站网络系统结构图,进行现场网络规划和实施。

对全站所有需集成的 IED 进行归类统计,规划设计 IP 地址、GOOSE 及 SMV 组播地址、APPID、光口分配等信息,并形成如图 2-31 所示的资料性文件。

序号	装置名称	装置描述	生产厂商	CRC校验码	IP地址	控制块类型	控制块	数据集	GOOSE/SV标识	组播地址	应用标识	VLAN标	VLAN优先级	最小时间	最大时间
34	I1IT01A	I01屏柜:#1主变本体智能终端 R2.02 (420551)	NRR	FB720F36	198.120.9.101	GOOSE	I1IT01API/LLN0GOgocb1	I1IT01API/LLN0$dsGOOSE1	I1IT01API/LLN0.gocb1	01-0C-CD-01-02-02	0202	000	4	2	5000
						GOOSE	I1IT01API/LLN0GOgocb2	I1IT01API/LLN0$dsGOOSE2	I1IT01API/LLN0.gocb2	01-0C-CD-01-02-03	0203	000	4	2	5000
						GOOSE	I1IT01API/LLN0GOgocb3	I1IT01API/LLN0$dsGOOSE3	I1IT01API/LLN0.gocb3	01-0C-CD-01-02-04	0204	000	4	2	5000
						GOOSE	I1IT01ARPIT/LLN0GOgocb4	I1IT01ARPIT/LLN0$dsGOOSE0	I1IT01ARPIT/LLN0.gocb4	01-0C-CD-01-02-05	0205	000	4	2	5000
						GOOSE	I1IT01ARPIT/LLN0GOgocb5	I1IT01ARPIT/LLN0$dsGOOSE1	I1IT01ARPIT/LLN0.gocb5	01-0C-CD-01-02-06	0206	000	4	2	5000
						GOOSE	I1IT01ARPIT/LLN0GOgocb6	I1IT01ARPIT/LLN0$dsGOOSE2	I1IT01ARPIT/LLN0.gocb6	01-0C-CD-01-02-07	0207	000	4	2	5000
						GOOSE	I1IT01ARPIT/LLN0GOgocb7	I1IT01ARPIT/LLN0$dsGOOSE3	I1IT01ARPIT/LLN0.gocb7	01-0C-CD-01-02-08	0208	000	4	2	5000
35	I1CT02A	I01屏柜:#1主变测控装置 R3.00.006 (422763)	NRR	324ED44F	198.120.9.102	GOOSE	I1CT02ACTRL/LLN0GOgocb0	I1CT02ACTRL/LLN0$dsGOOSE	I1CT02ACTRL/LLN0.gocb0	01-0C-CD-01-00-07	0007	000	4	2	5000
						GOOSE	I1CT02APIGO/LLN0GOgocb1	I1CT02APIGO/LLN0$dsGOOSE1	I1CT02APIGO/LLN0.gocb1	01-0C-CD-01-02-09	0209	000	4	2	5000
						GOOSE	I1CT02APIGO/LLN0GOgocb2	I1CT02APIGO/LLN0$dsGOOSE2	I1CT02APIGO/LLN0.gocb2	01-0C-CD-01-02-0A	020A	000	4	2	5000
36	I1PT03A	I01屏柜:#1主变差动保护装置 R3.03 (424783)	NRR	0130376E	198.120.9.103	GOOSE	I1PT03APIGO/LLN0GOgocb0	I1PT03APIGO/LLN0$dsGOOSE0	I1PT03APIGO/LLN0.gocb0	01-0C-CD-01-02-0B	020B	000	4	2	5000
37	I1PT04A	I01屏柜:#1主变高后备保护装置 R3.03 (424784)	NRR	6848B5D6	198.120.9.104	GOOSE	I1PT04APIGO/LLN0GOgocb0	I1PT04APIGO/LLN0$dsGOOSE0	I1PT04APIGO/LLN0.gocb0	01-0C-CD-01-02-0C	020C	000	4	2	5000
38	I1PT05A	I01屏柜:#1主变低后备保护装置 R3.03 (424784)	NRR	BF6152E1	198.120.9.105	GOOSE	I1PT05APIGO/LLN0GOgocb0	I1PT05APIGO/LLN0$dsGOOSE0	I1PT05APIGO/LLN0.gocb0	01-0C-CD-01-02-0D	020D	000	4	2	5000
39	I2ST01A	I02屏柜:10kV#1馈线保护测控装置 R3.03 (423743)	NRR	7007EF95	198.120.10.101	GOOSE	I2ST01ACTRL/LLN0GOgocb0	I2ST01ACTRL/LLN0$dsGOOSE0	I2ST01ACTRL/LLN0.gocb0	01-0C-CD-01-00-08	0008	000	4	2	5000
						GOOSE	I2ST01APIGO/LLN0GOgocb1	I2ST01APIGO/LLN0$dsGOOSE0	I2ST01APIGO/LLN0.gocb1	01-0C-CD-01-02-0E	020E	000	4	2	5000
						SV	I2ST01APISV/LLN0MSsmvcb	I2ST01APISV/LLN0$dsSV0	I2ST01APISV/LLN0.smvcb0	01-0C-CD-04-41-01	4101	401	4	------	------

图 2-31 通信参数

(三) SCD 配置

首先在工具里新建一个空工程,文件名可按实际工程名来命名。

1. 创建子网

SCD 配置的第一步,需要先创建与实际物理网相对应的逻辑子网。一般站控层创建一个子网,过程层按电压等级、子网数量、子网类型,分别创建多个子网,如图 2-32 示例。

2. 添加装置

(1) 新建 IED

在左侧 SCL 树,选择“装置”,在中间窗口任意地方点击右键,选择“新建”,打开“新建装置向导”窗口,选择本地存在的 ICD 文件,并填写“IED 名称”,然后点击“下一步”按钮,如图 2-33 所示。

(2) 校验结果

SCL 工具中集成了 ICD Check 和 Scheme 校验等功能,选择 ICD 模型后,在下一步执行过程中,会自动进行 ICD 校验和 Scheme 校验,并在窗口显示校验结果,如图 2-34 所示。

(3) 更新通讯信息

进入“更新通讯信息”后,可通过下拉列表,将新建的 IED 的访问点分配到之前创建的通信子网中,如图 2-35 所示。

	名称	类型	描述
1	SubNetwork_Stationbus_A	8-MMS	站控层子网
2	SubNetwork_Processbus_A_GO_220	IECGOOSE	220kV过程层A套装置GOOSE子网
3	SubNetwork_Processbus_B_GO_220	IECGOOSE	220kV过程层B套装置GOOSE子网
4	SubNetwork_Processbus_A_SV_220	SMV	220kV过程层A套装置SV子网
5	SubNetwork_Processbus_B_SV_220	SMV	220kV过程层B套装置SV子网
6	SubNetwork_Processbus_A_SG_110	IECGOOSE	110kV+10kV过程层GOOSE及SV子网

图 2-32　创建子网

装置信息

指定需要导入装置的基本信息。

装置名称：9L2213A

文件名称：CS-900-G9\PCS-931A-DA-G-G9_R4.00(00438111.049)\PCS-931A-DA-G文本\PCS-931A-DA-G-V4.00-69EAE9A2.cid　　浏览...

图 2-33　ICD 导入

校验结果

显示校验的结果。您可以忽略校验过程中产生的任何错误或警告而直接进入下一步。

SCL文件校验成功！

图 2-34　校验结果

更新通讯信息

提供了一系列选项来手动将ICD文件中的通讯配置信息导入到SCD中。您可以通过勾选复选框来选择不导入这些通讯配置信息。

ICD中的子网名称	ICD中的访问点名称	SCD中的子网名称
Subnet_MMS	S1	
Subnet_GOOSE	G1	SubNetwork_Stationbus_A
Subnet_SV	M1	SubNetwork_Processbus_A_GO_220
		SubNetwork_Processbus_B_GO_220
		SubNetwork_Processbus_A_SV_220
		SubNetwork_Processbus_B_SV_220
		SubNetwork_Processbus_A_SG_110

图 2-35　更新通讯信息

（4）结束

本窗口显示新建 IED 后的配置明细，确认无误后，点击"完成"，结束新建 IED，如图 2-36 所示。

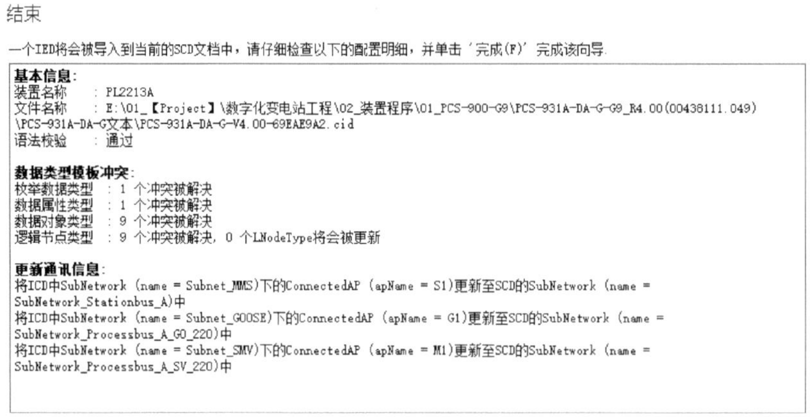

图 2-36　结束

3. 配置 IED

在左侧 SCL 树，选择"装置"，在右侧窗口可查看所有的 IED，同时可修改每个 IED 的"名称"属性，以及装置的工程实例化描述，如图 2-37 所示。

图 2-37　装置列表

（1）配置 Dataset

在左侧 SCL 树，选择"装置"选项下的某个 IED，在中间主窗口下方，选择"数据集"，此时可实现数据集的描述修改、调序、删除、新建，如图 2-38 所示。

对于所有的 IED，其数据集描述一般无须修改。

对于每一个数据集，可以增加、删除其中的信号成员，同时需要将其中的信号名称按工程实例化名称进行修改，如图 2-39 所示。

图 2-38　配置数据集

注：数据集信号名称修改，目前要求以修改离线名称"Description"为准，对于在线名称"Unicode Description"不要求修改。

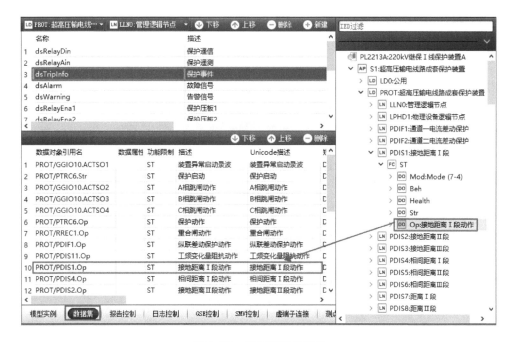

图 2-39　数据集增加信号

（2）配置 GSE Control

在左侧 SCL 树，选择"装置"选项下的某个 IED，在中间主窗口下方，选择"GSE 控制"，此时可查看、编辑、新建 GOOSE 控制块，如图 2-40 所示。

根据国网 Q/GDW 1396—2012 规范要求，所有 ICD 均须自带 GOOSE 控制块，因此，SCD 添加完 IED 之后，每个 IED 均已自动导入 GOOSE 控制块，无须新建；但对于个别不规范的 ICD，需要使用 SCL 工具新建 GOOSE 控制块。

图 2-40　GSE Control

新建 GOOSE 控制块的步骤,如图 2-41 所示。

① 在空白处点击右键,选择"新建",或点击菜单栏"新建"按钮,自动创建一个 GOOSE 控制块;

图 2-41　新建 GOOSE 控制块

② 在控制块条目的"数据集"处选择控制块对应的数据集,在"类型"处选择"GOOSE"类型;

③ 在控制块条目的"GOOSE 标识符"处,工具会自动生成全站唯一的字符串,特殊情况下也可按需修改,修改后的 GOOSE 标识符须全站唯一,一般不修改此值。

GOOSE 控制块中,各选项含义如下:

"名称":LD 内唯一,一般取默认值即可,工具可保证其唯一性。

"数据集":一个 GOOSE 控制块只与一个 GOOSE 数据集关联,一个 GOOSE 数据集只能与一个 GOOSE 控制块关联。

"配置版本":默认值为 1,可编辑,GOOSE 发送侧与接收侧保持一致即可。

"类型":GOOSE 控制块必须选"GOOSE",GSSE 服务已在 IEC 61850 ED2 中取消。

"GOOSE 标识符":站内唯一,为可视字符串类型,取默认值即可,工具可保证其唯一性。

"描述":控制块描述,可按需填写,表明含义即可,默认为空。

(3) 配置 SMV Control

在左侧 SCL 树,选择"装置"选项下的合并单元,在中间主窗口下方,选择"SMV 控制",此时可查看、编辑、新建 SMV 控制块,如图 2-42 所示。

根据国网 Q/GDW 1396—2012 规范要求,所有合并单元 ICD 均须自带 SMV 控制块,因此,SCD 添加完合并单元 IED 之后,每个合并单元 IED 均已自动导入 SMV 控制块,无须新建;但对于个别不够规范的合并单元 ICD,就需要使用 SCL 工具新建 SMV 控制块。

图 2-42 SMV Control

新建 SMV 控制块的步骤,如图 2-43 所示。

① 在空白处点击右键,选择"新建",或点击菜单栏"新建"按钮,自动创建一个 SMV 控制块;

② 在控制块条目的"数据集"处选择控制块对应的 SV 数据集;

③ 在控制块条目的"采样标识符"处,工具会自动生成全站唯一的字符串,特殊情况下也可按需修改,修改后的 SV 标识符须全站唯一,一般不修改此值;

④ 控制块其余参数使用默认值保持不变。

图 2-43 新建 SMV 控制块

SMV 控制块中,各选项含义如下:

"名称":LD 内唯一,一般取默认值即可,工具可保证其唯一性。

"数据集":一个 SMV 控制块只与一个 SMV 数据集关联,一个 SMV 数据集只能与一个 SMV 控制块关联。

"配置版本":默认值为 1,可编辑,SMV 发送侧与接收侧保持一致即可。

"采样标识符":站内唯一,为可视字符串类型,取默认值即可,工具可保证其唯一性。

"多播":是否多播,使用默认值。

"采样率":SMV 采样率,使用默认值,表示 4 kHz 速率。

"ASDU"数目:SMV 报文 ASDU 个数,使用默认值。

"采样选项":SMV 报文可选字段,使用默认值,报文中仅包含同步标记,目前,PCS 系列装置的 goose.txt 文件中不包含该项内容,因此 SCD 中选择与否,对通信无任何影响。

"描述":控制块描述,可按需填写,表明含义即可,默认为空。

(4) 配置 Report Control

Report Control 用于控制站控层数据集通过 MMS 与后台、远动等客户端通信。

在左侧 SCL 树,选择"装置"选项下测控装置,在中间主窗口下方,选择"报告控制",此时可查看、编辑、新建报告控制块,如图 2-44 所示。

图 2-44　Report Control

根据国网 Q/GDW 1396—2012 规范要求,所有间隔层 IED 的 ICD 均须自带报告控制块,因此,SCD 添加完保护、测控等 IED 之后,每个 IED 均已自动导入报告控制块,无须新建;但对于个别不规范的间隔层设备 ICD,就需要使用 SCL 工具新建报告控制块。

新建报告控制块的步骤,如图 2-45 所示。

① 在空白处点击右键,选择"新建"或点击菜单栏"新建"按钮,自动创建一个报告控制块;

② 在控制块条目的"数据集"处选择控制块对应的数据集;

③ 在控制块条目的"报告标识符"处,工具会自动生成全站唯一的字符串,特殊情况下也可按需修改,修改后的报告标识符须全站唯一,一般不修改此值;

注:南瑞继保统一保护模型中,所有报告控制块的报告标识符默认为"NULL",保护装置提供控制字"rptID 标准化使能",用来控制 rptID 的发送值,若客户端不兼容 rptID 为"NULL"的情况,则须在 SCD 中,将报告标识符更新为控制块索引名。

④ 控制块其余参数使用默认值保持不变。

Report 控制块中,各选项含义如下:

图 2-45 新建报告控制块

"名称"：装置内唯一，一般取默认值即可，工具可保证其唯一性。

"数据集"：一个 Report 控制块只与一个 Report 数据集关联，一个 Report 数据集只能与一个 Report 控制块关联。

"完整周期"：URCB 值为 0，BRCB 典型值为 30 000 ms，可按需修改，建议使用默认值。

"报告标识符"：装置内唯一，为可视字符串类型，取默认值即可，工具可保证其唯一性。

"配置版本"：默认值为 1，可编辑，报告发送侧与接收侧保持一致即可。

"缓存"：True 表示该报告控制块为缓存报告，FALSE 表示该报告控制块为非缓存报告。

"缓存时间"：缓存类报告的缓存时间，使用默认值，也可按需修改，量纲为 ms。

"触发选项"：定义报告上送的原因，典型方案选择变化、周期、总召唤三种原因，可按需选择，建议使用默认值，最后通过客户端进行统一设置。

"选项字段"：用于定制 MMS 报文的可选结构，可按需选择，建议使用默认值，最后通过客户端进行统一设置。

"描述"：控制块描述，可按需填写，表明含义即可。

（5）配置 Remote Control

Remote Control 用于配置 IED 内控制类信息的描述及控制类型，如图 2-46 所示。

在左侧 SCL 树，选择"装置"选项下测控装置，在中间主窗口下方，选择"测点数据"，在遥控测点组，可对遥控点配置控制模式和修改描述。

4. 设置通信参数

（1）添加访问点

如在新建 IED 过程中已经选择导入通信信息，则忽略此步骤。如在新建 IED 过程中，因故未导入通信信息，如早期不包含子网信息的装置模型，则按照如下原则进行配置。

图 2-46   Remote Control

访问点添加原则：

① 对于站控层访问点（S1、P1、A1），应添加至 8-MMS 子网中的 Address 标签内；

② 对于过程层 GOOSE 访问点（G1），应添加至相应子网的 GSE 标签内；

③ 对于过程层 SV 访问点（M1），应添加至相应子网的 SMV 标签内。

访问点添加至子网标签中的方法如图 2-47 所示，在 IED 筛选器窗口，将 IED 中的访问点拖曳至相关子网的标签页中松开即可。

图 2-47   添加访问点

（2）设置 8-MMS 子网

对于 8-MMS 子网，其通信模型选项中，仅"Address""GSE"有效，"SMV"对站控层子网无效。因此，仅需设置"Address"和"GSE"标签中的内容，其中"Address"用于配置站控层通信的 IP 地址和子网掩码；"GSE"用于配置间隔层联锁 GOOSE 的组播地址等参数。

Address 标签中配置 IP 地址和子网掩码即可，如图 2-48 所示。

对于设置 IP 和子网掩码，当装置较多时，可以使用批量设置功能，具体操作步骤如图

图 2-48　IP 设置

2-49所示。

① 在 8-MMS 子网的"Address"标签中,选中所有要批量设置 IP 的 IED;

② 在选中列表上点击右键,选择"批量设置",或者通过点击工具栏的"批量设置"按钮,进入批量设置界面;

③ 在 IP-ADDRESS 处输入批量设置 IP 的起始 IP 地址,后续 IED 的 IP 将逐个加 1 自动生成;

④ 在 IP-SUBNET 处输入子网掩码,后续所有 IED 都将使用该子网掩码;

⑤ 其余通信参数不需要输入。

图 2-49　IP 批量设置

间隔层联锁跨装置实现时,一般采用 GOOSE 通信传输信号,GOOSE 报文与站控层 MMS 通信共交换机,因此需要将站控层访问点(S1、P1、A1 等)同步添加至 8-MMS 子网的

"GSE"标签中,并进行间隔层 GOOSE 配置,其配置方法参考本文过程层 GSE 配置方法。

对于不做间隔层 GOOSE 联锁的工程,可以不用配置间隔层联锁 GOOSE。

(3)设置 GOOSE 子网

对于 GOOSE 子网,其通信模型选项中,仅"GSE""SMV"有效,"Address"对过程层子网无效。因此一般仅需设置"GSE"和"SMV"标签中的内容,其中"GSE"用于配置过程层 GOOSE/SV 共网时的 GOOSE 的组播地址等参数;"SMV"用于配置过程层 GOOSE/SV 共网时的 SV 的组播地址等参数。

GOOSE 和 SMV 不共网时,在各自对应的子网标签页中配置 GOOSE/SMV 控制块参数,如图 2-50 所示。

	装置描述	访问点	逻辑设备	控制块	组播地址	VLAN标识	VLAN优先级	应用标识	最小值	最大值
1	220kV继保Ⅰ线保护装置A	G1	PIGO	gocb0	01-0C-CD-01-00-00	000	4	3000	2	5000
2	220kV继保Ⅰ线测控装置	G1	PIGO	gocb1	01-0C-CD-01-02-15	000	4	0215	2	5000
3	220kV继保Ⅰ线测控装置	G1	PIGO	gocb2	01-0C-CD-01-02-16	000	4	0216	2	5000
4	220kV继保Ⅰ线智能终端A	G1	RPIT	gocb0	01-0C-CD-01-02-18	000	4	0218	2	5000
5	220kV继保Ⅰ线智能终端A	G1	RPIT	gocb1	01-0C-CD-01-02-19	000	4	0219	2	5000
5	220kV继保Ⅰ线智能终端A	G1	RPIT	gocb2	01-0C-CD-01-02-1A	000	4	021A	2	5000
7	220kV继保Ⅰ线合并单元A	G1	MUGO	gocb0	01-0C-CD-01-02-1B	000	4	021B	2	5000
3	220kV继保Ⅰ线保护装置B	G1	PIGO	gocb0	01-0C-CD-01-00-00	000	4	3000	2	5000
9	220kV继保Ⅰ线智能终端B	G1	RPIT	gocb0	01-0C-CD-01-02-18	000	4	0218	2	5000
10	220kV继保Ⅰ线智能终端B	G1	RPIT	gocb1	01-0C-CD-01-02-19	000	4	0219	2	5000
11	220kV继保Ⅰ线智能终端B	G1	RPIT	gocb2	01-0C-CD-01-02-1A	000	4	021A	2	5000
12	220kV继保Ⅰ线合并单元B	G1	MUGO	gocb0	01-0C-CD-01-02-1B	000	4	021B	2	5000
13	数据架1: PCS-9705A-D-...	G1	PIGO	gocb1	01-0C-CD-01-02-3D	000	4	023D	2	5000

站控层地址 | **GOOSE控制块地址** | 采样控制块地址

图 2-50 GSE 设置

对于设置 GOOSE,当装置较多时,可以使用批量设置功能,具体操作步骤如图 2-51 所示。

① 在 IECGOOSE 子网的"GSE"标签中,选中所有要批量设置参数的 IED;

② 在选中列表上点击右键,选择"批量设置",或者通过点击工具栏的"批量设置"按钮,进入批量设置界面;

③ 在 MAC-ADDRESS 处输入批量设置组播地址的起始组播 MAC 地址,后续 IED 的组播 MAC 地址将逐个加 1 自动生成;

④ 在 APPID 处输入起始应用 ID,后续 IED 的 APPID 值将逐个加 1 自动生成,推荐的起始 APPID 值由组播 MAC 的后两段拼接而成;

⑤ VLAN-ID 处,应按如下原则填写:若使用交换机打 PVID,此处使用默认值,若使用装置打 VID,此处应按分配的 VID 值填写;

⑥ 其余通信参数均采用默认值即可。

相关标准:

① IEC 61850 标准 8-1 推荐的 GOOSE 组播地址有效范围:01-0C-CD-01-00-00~01-0C-CD-01-01-FF。在实际应用中,当地址范围不够分配时,可将组播地址范围扩充至 01-0C-CD-01-3F-FF。

② VLAN-ID 的填写规则：按三位十六进制数据格式填写，范围是 0x000～0xFFF。

③ VLAN-PRIORITY 填写规则：范围 0～7，7 的优先级最高；在无特殊要求的情况下，均采用默认值 4。

④ IEC 61850 标准 8-1 表 C. 2 规定的 GOOSE 的 APPID 有效范围：4 位十六进制数据，范围是 0x0000～0x3FFF，要求全站唯一，推荐由 GOOSE 组播地址后两段拼接而成，且不超过规定的有效范围。

图 2-51　GSE 批量设置

⑤ MinTime：GOOSE 的变位时间 T1，量纲为 ms，典型值为 2 ms，PCS 装置最低可达到 1 ms。

⑥ MaxTime：GOOSE 的心跳时间 T0，量纲为 ms，典型值为 5 000 ms，PCS 装置在数据表达范围内，可任意设置该值。

GOOSE 和 SMV 共网时，SMV 标签中可配置 SMV 控制块参数，对于 SMV 控制块参数的设置，详见本文 SMV 子网设置。

（4）设置 SMV 子网

对于 SMV 子网，其通信模型选项中，仅"GSE""SMV"有效，"Address"对过程层子网无效。因此一般仅需设置"GSE"和"SMV"标签中的内容，其中"GSE"用于配置过程层 SV/GOOSE共网时的 GOOSE 的组播地址等参数；SMV 用于配置过程层 GOOSE/SV 共网时的 SV 的组播地址等参数。

GOOSE 和 SMV 不共网时，在各自对应的子网标签中可配置 GOOSE/SMV 控制块参数，如图 2-52 所示。

对于设置 SMV，当装置较多时，可以使用批量设置功能，具体操作步骤如图 2-53 所示。

① 在 SMV 子网的"SMV"标签中，选中所有要批量设置参数的 IED；

② 在选中列表上点击右键，选择"批量设置"，或者通过点击工具栏的"批量设置"按钮，进入批量设置界面；

③ 在 MAC-ADDRESS 处输入批量设置组播地址的起始组播 MAC 地址，后续 IED 的

图 2-52 SMV 设置

组播 MAC 地址将逐个加 1 自动生成;

④ 在 APPID 处输入起始应用 ID,后续 IED 的 APPID 值将逐个加 1 自动生成,推荐的起始 APPID 值由组播 MAC 的后两段拼接后,或上 0x4000 而成;

⑤ VLAN-ID 处,应按如下原则填写:若使用交换机打 PVID,此处使用默认值,若使用装置打 VID,此处应按分配的 VID 值填写;

⑥ 其余通信参数均采用默认值即可。

相关标准:

① IEC 61850 标准 8-1 中推荐的 SMV 组播地址有效范围:01-0C-CD-04-00-00~01-0C-CD-04-01-FF。在实际应用中,当地址范围不够分配时,可将组播地址范围扩充至 01-0C-CD-04-3F-FF。

② VLAN-ID 的填写规则:按三位十六进制数据格式填写,范围是 0x000~0xFFF。

③ VLAN-PRIORITY 填写规则:范围 0~7,7 的优先级最高;在无特殊要求的情况下,均采用默认值 4。

④ IEC 61850 标准 8-1 表 C.2 的 SMV 的 APPID 有效范围:4 位十六进制数据,范围是 0x4000~0x7FFF,要求全站唯一,推荐由 SV 组播地址后两段拼接并加上 0x4000 而成,且不超过规定的有效范围。

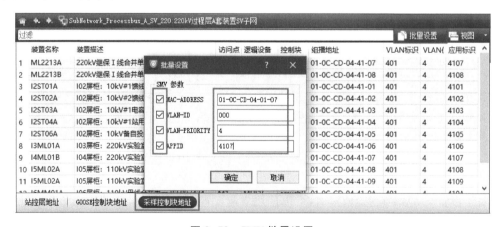

图 2-53 SMV 批量设置

GOOSE 和 SMV 共网时,"GOOSE 控制块"标签中可配置 GOOSE 控制块参数,"采样控制块"标签中可配置 SV 控制块参数。

5. GOOSE 连线

在智能变电站中,GOOSE 连线可理解为传统变电站中开关量及要求不高的模拟量的硬电缆接线,采集装置将其采集的各种信号(位置信号、机构信号、故障信号)以 GOOSE 数据集的形式,通过 GOOSE 组播技术向外发布,接收方根据需要,进行信息订阅,这种数据间的订阅关系,就是通过 GOOSE 连线的方式来体现的。

在配置 GOOSE 连线时,需要遵循以下几项连线原则:

① 对于订阅方,GOOSE 连线必须先添加外部信号,再添加内部信号;

② 对于订阅方,允许重复添加外部信号,但非首选方式;

③ 对于订阅方,一个内部信号只能连接一个外部信号,即同一内部信号不能重复添加;

④ 国网 Q/GDW 1396—2012 规范中,规定 GOOSE 连线仅连至数据 DA 一级。

在遵循上述原则的情况下,可以进行正常的 GOOSE 连线,当连线异常时,订阅信息的字体以灰色斜体字显示。

GOOSE 订阅配置如图 2-54 所示:

(1) 选择"装置"

选择 GOOSE 订阅方的 IED。

(2) 选择"虚端子连接"

在该功能选项中完成 GOOSE 及 SV 连线。

(3) 选择"逻辑装置"

选择 GOOSE 订阅方对应的 LD,GOOSE 的典型 LD 名称为 PI、PIGO、GOLD 等。

(4) 选择"逻辑节点"

选择 GOOSE 订阅虚端子连线所在的 LN,一般固定选择 LLN0。

(5) 选择"配置模式"

SCD 工具支持"专业配置模式"和"工程配置模式",此处选择"专业配置模式"来演示案例。

(6) 选择"外部信号"

IED 筛选器窗口,选"外部信号",表示先选择 GOOSE 连线的发布信号。

将发布方 G1 访问点下的 GOOSE 发布数据集中的 FCDA 拖曳至中间窗口(或右键选择"附加选中的信号"),按虚端子表的顺序排放,也可根据需要调整顺序。

图 2-54 GOOSE 订阅配置

效率提升小技巧：

① 可通过"Ctrl"键，批量选中多个 GOOSE 发送信号，通过右键"附加选中的信号"功能，进行批量添加；

② 通过拖动发布方数据集的名称，实现整个数据集信息全部添加，然后将不用的信息删除。

（7）连接内部虚端子

当外部信号选择完毕，就需要完成内部信号的连接，以完成订阅信息的内部采集。

在订阅装置中，在 G1 访问点下依次按照 LN—>FC—>DO—>DA 顺序，找到相应的最内层 DA，将其拖曳至中间窗口中相应的外部信号所在的行并释放，完成外部信号与内部信号的连接，即完成一个 GOOSE 连线。

图 2-55 所示方法，虚端子连接表示的含义是保护订阅方，接收智能终端发布的位置、闭锁重合闸等信号。

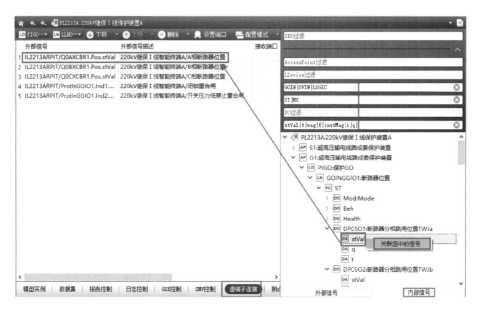

图 2-55 GOOSE 内部信号

效率提升小技巧：

① 在 Inputs 中选中一行虚段子作为起始行，在内部信号中按外部虚段子的顺序，依次选中内部虚段子信号，点击右键，通过"关联选中的信号"功能，实现从被选信号开始的顺序自动关联；

② 由于测控装置需要转发 SOE 时间，因此测控 GOOSE 连线完成后，在 Inputs 窗口，批量选中多个需要生成 T 连线的信号，并通过右键"生成 T 连线"功能，实现自动生成 T 连线，如图 2-56 所示。

6. SMV 连线

在智能变电站中（采用了 9-2 帧、FT3 帧），SMV 连线的作用类同于 GOOSE 连线，主要用于实时模拟量的传输，合并单元将其采集到的电压、电流进行同步后，以 9-2 帧或 FT3 帧，将电压、电流以数据集的形式，通过组播或点对点方式向外发布，接收方根据需要，进行

图 2-56 T 连线自动生成

采样值订阅,这种采样值的订阅关系,就是通过 SV 连线的方式来体现的。

在配置 SMV 连线时,需要遵循以下几项连线原则:

① 对于订阅方,SV 连线必须先添加外部信号,再添加内部信号;

② 对于订阅方,允许重复添加外部信号,但非首选方式;

③ 对于订阅方,一个内部信号只能连接一个外部信号,即同一内部信号不能重复添加;

④ 9-2 的点对点(P2P)与组网(NET)方式,区别在于点对点方式需要额定延时虚端子,组网方式不需要额定延时;

⑤ 国网 Q/GDW 1396 规范中,规定 SV 连线应连至数据 DO 一级。

在遵循上述原则的情况下,可以进行正常的 SV 连线,当连线异常时,订阅信息的字体以灰色斜体字显示。

SV 订阅配置如图 2-57 所示:

(1)选择"装置"

选择 SV 订阅方的 IED。

(2)选择"虚端子连接"

在该功能选项中完成 GOOSE 及 SV 连线。

(3)选择"逻辑装置"

选择 SV 订阅方对应的 LD,SV 的典型 LD 名称为 PI、PISV、GOLD、MU 等。

(4)选择"逻辑节点"

选择 SV 订阅虚端子连线所在的 LN,一般固定选择 LLN0。

(5)选择"配置模式"

SCD 工具支持"专业配置模式"和"工程配置模式",此处选择"专业配置模式"来演示案例。

(6)选择"外部信号"

IED 筛选器窗口,选"外部信号",表示先选择 SV 连线的发布信号。

将发布方的 M1 访问点下的 SV 发布数据集中的 FCD 拖曳至中间窗口,按虚端子表的顺序排放,也可根据需要调整顺序。

图 2-57　SV 订阅配置

效率提升小技巧:

① 可通过"Ctrl"键,批量选中多个 SV 发送信号,通过右键"附加选中的信号"功能,进行批量添加;

② 通过拖动发布方数据集的名称,实现整个数据集信息全部添加,然后将不用的信息删除。

(7) 连接内部虚端子

当外部信号选择完毕,就需要完成内部信号的连接,以完成订阅信息的内部采集。

在订阅装置中,在 M1 访问点下依次按照 LN—>FC—>DO 顺序,找到相应的 DO,将其拖至中间窗口中相应的外部信号所在的行并释放,完成外部信号与内部信号的连接,即完成一个 SV 连线。

图 2-58 所示方法,虚端子连接表示的含义是保护订阅方,接收间隔合并单元发布的 SV 信号。

图 2-58　SV 内部信号

效率提升小技巧：

A．在 Inputs 中选中一行外部虚段子作为起始行，在内部信号中按外部虚段子的顺序，依次选中对应内部虚段子，点击右键，通过"关联选中的信号"功能，实现从被选信号开始的顺序自动关联；

7．SCL 校验

当虚端子配置完毕后，可对 SCD 文件进行 SCL 校验，校验主要从图 2-59 所示的两个方面开展。

图 2-59

（1）Schema 校验

Schema 校验主要用来检查 SCD 文件的结构是否与 Schema 模板一致，如字符长度、数据长度等。校验的结果分为告警和错误两种，其中错误类，必须进行处理；告警类，则多数情况下可忽略。

（2）语义校验

语义校验主要用于检查 SCD 中的配置内容是否满足已有规定，如数据引用是否正确、虚端子连线的数据类型是否匹配等。校验的结果分为告警和错误两种，其中错误类，必须进行处理；告警类，不影响使用，多数情况下可忽略。

8．通用方式的光口配置

为了解决智能变电站同时存在点对点 GOOSE/SV 与组网 GOOSE/SV 两种连接方式时，保护数据的接收链路不明确，组播数据存在寄生链路的问题，国网 Q/GDW 1396—2012 规定了面向端口和虚段子的光口发送/接收配置方案，并定义了统一的过程层配置文件格式（CCD 文件），南瑞继保 PCS 平台的新六统一及以后保护装置、四统一测控、采集执行单元均支持该配置文件。

PCS-SCD 工具也针对该方案，设计了面向虚段子的接收光口配置功能，实现订阅数据与光口的关联配置，使得装置可按需通过指定端口订阅组播数据，信号发布则面向所有端口同时发送。

（1）添加发送光口

SCL 工具默认导入 ICD 中自带的光口配置信息，一般无须再单独添加，但某些早期的模型文件，不带光口配置信息，因此须自行添加，如图 2-60 所示。先选择装置所属子网，在子网内，将视图切换为"层次视图"，选择需要添加光口的装置，并在对应的"物理端口"标签页内，选择批量新建（或右键），按硬件光口信息实际填写，"线缆标识"属性值应为空，确定后，可生成图示的物理光口配置内容。

（2）配置接收光口

在装置虚段子连线窗口，选择需要配置接收口的虚段子，选择"设置端口"，在弹出的窗口中，选择虚段子所属的光口，确定后，隶属同一发布控制块的虚连线，将自动设置相同的接收光口，依次完成不同控制块的光口配置，如图 2-61 所示。

（3）保存配置

当所有光口信息、虚连线接收光口配置完毕，点击"文件"－>"保存"按钮进行保存，在 SCD 文件中保存所有配置内容。

9．物理端口配置

组网接收的虚段子连线，可表达出各 IED 之间的发布/订阅逻辑连接关系，但 IED 之间

图 2-60 添加光口

图 2-61 配置接收光口

的物理端口连接关系缺失,信息链不完整。

PCS-SCD 工具基于 IEC 61850 中的物理端口标准化建模及交换机的 IED 化,提供 IED 间物理端口配置功能,补齐缺失的物理连接关系,为保护专业的继电保护在线运维系统、交换机的 CSD 配置文件生成提供了必要条件。

(1)交换机模型导入

将交换机的 ICD 模型文件,按"添加装置"的方式,集成到 SCD 中,并配置好 IEDName。

(2)物理端口连接

选择需要配置物理端口连接的交换机或者装置,由于交换机是集中连接设备,因此一般选择交换机,集中配置物理端口连接,如图 2-62 所示。

选中待配置交换机后,在配置主界面选择"端口连接"标签,打开交换机物理端口列表,其中"端口"列表示交换机的端口编号。

图 2-62　交换机物理端口连接

　　根据工程图纸,逐一选中存在物理连接的端口,并右键选择"设置连接端口",在弹出的"设置连接端口"窗口,选择该端口所连的对侧设备物理端口,如图 2-63 所示,交换机 1-4 端口对侧连接的是"220 kV 继保Ⅰ线保护装置 A"的 7-A 端口(7 号板 1 号口)。选择所连装置和物理端口后,在"线缆编号"处填写该物理连线的线缆编号,如果不填,工具则按固定格式自动生成一个唯一编号。

图 2-63　对侧端口选择

　　交换机所有物理端口连接配置完毕后,由于本侧与对侧的端口连接是同一个物理连接,因此对侧装置也会自动生成相同线缆编号的端口连接关系,如图 2-64 所示。

图 2-64　对侧物理端口

10. 导出配置

（1）导出装置私有配置文件

SCD 文件配置完成后，需要从 SCD 中导出相关装置的配置，并下装到装置中，使得装置可以按照配置好的虚端子进行数据交换。PCS 装置一般需要导出的配置有两种：CID 及 GOOSE。

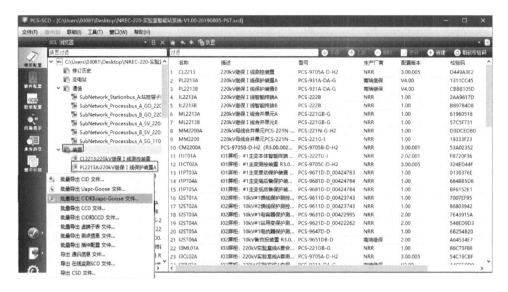

图 2-65　SCL 导出

如图 2-65 所示，点击"SCL 导出"按钮，可选择需要导出的文件种类，在私有配置方案中，选择"批量导出 CID 和 Uapc-Goose 文件"。

如图 2-66 所示，进入"批量导出 CID，Uapc-Goose 文件"窗口后，需要指定导出配置的存放目录，以及选择导出哪些装置的配置，最后点击"导出"按钮完成配置导出。

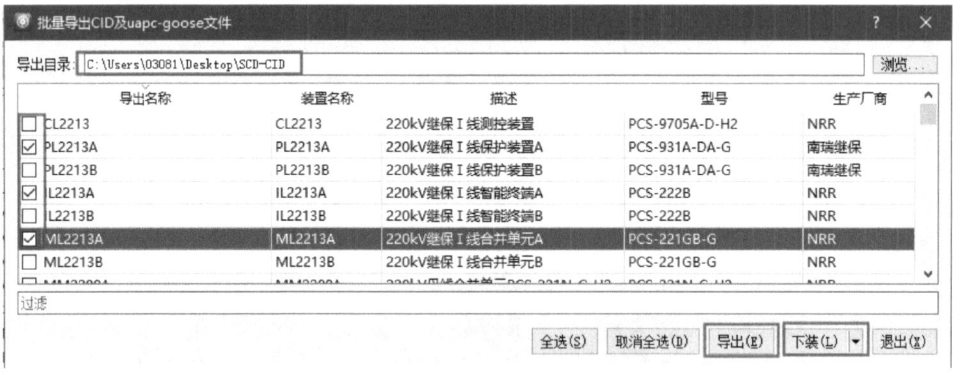

图 2-66　批量导出配置

通过"下装"按钮旁的小黑色下三角，可实现下载工具 PCS-PC 与 SCD 工具的关联，如图 2-67 所示；通过点击"下装"按钮，实现直接启动下载工具 PCS-PC，并自动加载已选择导出配置的所有 IED。

图 2-67　关联下载工具 PCS-PC

（2）导出装置通用配置文件

SCD 文件配置完成后，需要从 SCD 中导出相关装置的配置，并下装到装置中，使得装置可以按照配置好的虚端子进行数据交换。PCS 装置支持的通用配置文件有两种：CID 及 CCD。

如图 2-68 所示，点击"SCL 导出"按钮，可选择需要导出的文件种类，在通用配置方案中，选择"批量导出 CID 和 CCD 文件"。

图 2-68　SCL 导出

如图 2-69 所示，进入"批量导出 CID 和 CCD 文件"窗口后，需要指定导出配置的存放目录，以及选择导出哪些装置的配置，最后点击"导出"按钮完成配置导出。

通过"下装"按钮旁的小黑色下三角，可实现下载工具 PCS-PC 与 SCD 工具的关联，如图 2-70 所示；通过点击"下装"按钮，实现直接启动下载工具 PCS-PC，并自动加载已选择导

图 2-69 批量导出配置

出配置的所有 IED。

图 2-70 关联下载工具 PCS-PC

（3）导出交换机通用配置文件

如图 2-71 所示，通过工具栏的"SCL 导出"按钮或菜单栏的"SCL 导出"菜单，选择"导出 CSD 文件"。

在弹出的"导出 CSD 文件"窗口，如图 2-72 所示，指定导出目录，并选择需要导出 CSD 的交换机，然后点击"导出"按钮，实现交换机 CSD 文件的导出。

11．虚回路可视化展示

PCS-SCD 提供虚段子的可视化展示，展示信息包含发送控制块信息、虚段子连线、接收光口等，如图 2-73 所示，选择工具边栏中的"回路展示"，并选择装置，可在图形化界面展开/收缩所有虚段子信息。

通过点击"发送控制块"，可打开控制块属性窗口，进行信息查询，如图 2-74 所示。

12．模型比较

PCS-SCD 工具提供已打开 SCD 文件与相近版本的同一 SCD 的比较功能，以鲜明的红色标识出各自不同的内容，同时可切换仅显示差异项，如图 2-75 所示，点击工具边栏中的"模型比较"，打开比较主窗口，左侧为工具已加载的 SCD 文件，右侧为待比较的 SCD 文件。

图 2-71　导出 CSD 文件

图 2-72　保存 CSD 文件

图 2-73　可视化展示

13. 业务浏览

PCS-SCD除了支持专业的 IEC 61850 数据展示方式,还提供了面向不同业务的测点浏览方式,以便精通常规业务的使用者,能快速操作、查看 SCD 文件中的各类业务测点信息,如图 2-76 所示,点击工具边栏中的"业务浏览",打开业务浏览窗口,窗口中不同的业务标签

图 2-74　控制块属性

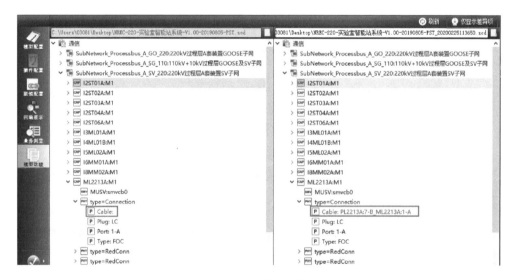

图 2-75　模型比较

页,会根据装置建模特点,自动筛选符合规则的装置和测点,并进行测点视图展示。

三、维护要点及注意事项

1. 报"无法为……获取 OutVarName"

PCS-SCD 工具在导出 PCS-222B 智能终端的过程层 GOOSE 配置时,报如图 2-77 所示错误,导致无法导出 goose. txt 文件。

图 2-76　业务浏览

导出 C:\Users\dugb\Desktop\IB5022A\B01_NR1136_goose.txt...
错误:无法为 GooseRx 控制块 'CB5022PIGO/LLN0.gocb1' 的 INPUT CB5022PIGO/QGD4ACSWI1STOpOpn$general 获取 OutVarName
错误:无法为 GooseRx 控制块 'CB5022PIGO/LLN0.gocb1' 的 INPUT CB5022PIGO/QGD4ACSWI1STOpCls$general 获取 OutVarName
错误:无法为 GooseRx 控制块 'CB5022PIGO/LLN0.gocb1' 的 INPUT CB5022PIGO/QGD4ILCILO1STEnaOp$stVal 获取 OutVarName

导出 C:\Users\03081\Desktop\SCD-CID\CT1111\B99_Unknown_goose.txt...
错误:无法为 GooseRx 控制块 'UT1111ARPIT/LLN0.gocb1' 的 INPUT UT1111ARPIT/BinInGGIO2STInd12$t 获取 OutVarName
错误:无法为 GooseRx 控制块 'UT1111ARPIT/LLN0.gocb1' 的 INPUT UT1111ARPIT/BinInGGIO2STInd13$t 获取 OutVarName
错误:无法为 GooseRx 控制块 'UT1111ARPIT/LLN0.gocb1' 的 INPUT UT1111ARPIT/BinInGGIO2STInd14$t 获取 OutVarName
错误:无法为 GooseRx 控制块 'UT1111ARPIT/LLN0.gocb1' 的 INPUT UT1111ARPIT/BinInGGIO2STInd15$t 获取 OutVarName

图 2-77　控制块错误信息

具体分析见表 2-14。

表 2-14　错误含义

错误含义	① IED 的接收虚端子无对应的短地址,导致不满足 PCS-SCD 工具的导出校验逻辑。 ② B99 表示 1396 接收端口未配置,无法获取 OutVarName 标识,接收虚端子的短地址为空
异常分析	① 该错误常见于 PCS-222B 智能终端的接地刀闸 4 遥控接收虚端子,其模型中名称为"接地刀闸 4 分""接地刀闸 4 合""接地刀闸 4 闭锁"的遥控接收虚端子实为空点,内部无短地址。 ② T 连线对应的虚端子未配置 1396 接收端口,而 stVal 配置有端口
解决措施	① 连接遥控接收虚端子时,应避开名称为"接地刀闸 4"的接收虚端子;如地刀控制虚端子确实不够用,可使用名称为"备用 X"的备用控制点虚端子,但须注意避开"备用 1"(专用于带"远/近控切换"的断路器遥控)。 ② 补上 T 连线的 1396 接收端口即可

2. 报"ReportControl(……) 的 dataset(=……) 无效"

PCS-SCD 工具在导出站控层 CID 文件时,报如图 2-78 所示错误,导致无法导出 device. cid 文件。

具体分析见表 2-15。

导出 C:\Users\dugb\Desktop\SCD-CID\PE1001\B01_NR4106_device.cid...
错误:ReportControl (IED name = PE1001, AccessPoint name = S1, LDevice inst = PROT, LN = LLN0, ReportControl name = brcbDin) 的 dataset (=dsDin) 无效
错误:ReportControl (IED name = PE1001, AccessPoint name = S1, LDevice inst = CTRL, LN = LLN0, ReportControl name = brcbDin) 的 dataset (=dsDin) 无效

图 2-78　数据集错误信息

表 2-15　错误含义

错误含义	IED 相关 LD 下的报告控制块所关联的名称为"dsDin"的数据集不存在
异常分析	该错误常见于默认的报告控制块为手工填写的情况,使用工具自动生成时不存在此问题
解决措施	① 修改报告控制块所关联的数据集或删除该无效报告控制块后,使用工具重新添加并关联正确的数据集。 ② 删除无用的报告控制块

3. 报"GSEControl（……）引用了一个无效的 GSE"

PCS-SCD 工具在导出站控层 CID 文件时,报如图 2-79 所示错误,导致无法导出 device.cid 文件。

导出 C:\Users\dugb\Desktop\SCD-CID\PE1001\B01_NR4106_device.cid...
错误:GSEControl (IED name = PE1001, AccessPoint name = S1, LDevice inst = CTRL, LN = LLN0, GSEcontrol name = gocb0) 引用了一个无效的 GSE

图 2-79　GOCB 错误信息

具体分析见表 2-16。

表 2-16　错误含义

错误含义	IED 相关 LD 下存在无效的 GOOSE 控制块,在 PCS-SCD 工具中表现为 GOOSE 控制块为斜体字 
异常分析	① 默认的站控层联锁 GOOSE 控制块为手工填写的情况,使用工具自动生成时不存在此问题。 ② GOOSE 控制块本身并无异常,但未添加到相关子网内(IED 存在的 GOOSE 控制块必须属于某一个子网)
解决措施	① 修改 GOOSE 控制块的异常属性或删除该无效 GOOSE 控制块后,使用工具重新添加。 ② 将该 GOOSE 控制块添加到正确的子网内

4. 报"DAI（……）引用了一个无效的 DA"

PCS-SCD 工具在导出 CID 文件时,报如图 2-80 所示错误,导致无法导出 device.cid 文件。

导出 C:\Users\dugb\Desktop\SCD-CID\PE1001\B01_NR4106_device.cid...
错误:DAI (IED name = PE1001, AccessPoint name = S1, LDevice inst = LD0, LN = SCIF1, DOI name = NamPlt, DAI name = ldNs) 引用了一个无效的 DA

图 2-80　GOCB 错误信息

具体分析见表 2-17。

表 2-17　错误含义

错误含义	IED 实例化数据与模板数据不匹配
异常分析	该问题多出现于模型文件有手工配置的情况，由于笔误造成实例化数据与模板数据不匹配 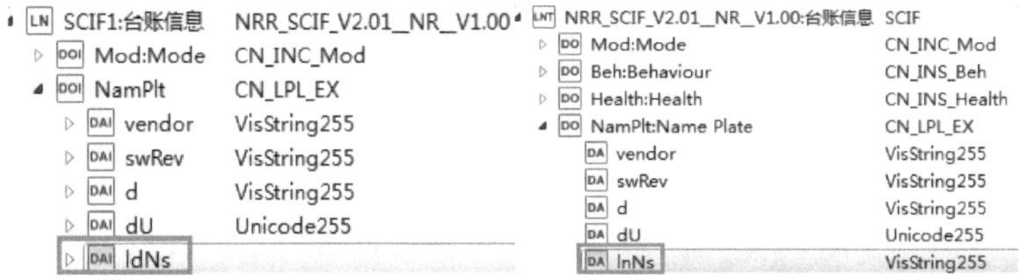
解决措施	在文本编辑器中找到笔误之处，进行修正

5. 报"GSE（……）的 MAC-Address(＝01-0C-CD-01-) 无效"

PCS-SCD 工具在导出站控层 CID 文件时，报如图 2-81 所示错误，导致无法导出 device. cid 文件。

导出 C:\Users\dugb\Desktop\SCD-CID\PE1001\B01_NR4106_device.cid...
错误:GSE (SubNetwork name = MMS, ConnectedAP iedName = PE1001, ConnectedAP apName = S1, GSE ldInst = CTRL, GSE cbName = gocb0) 的 MAC-Address(=01-0C-CD-01-) 无效

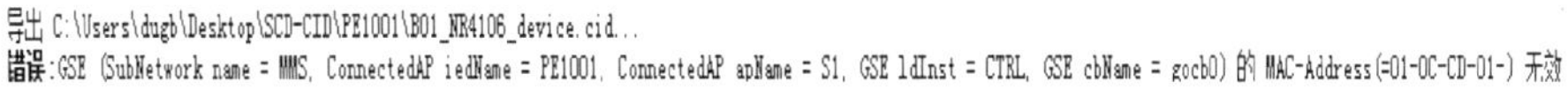

图 2-81　GOCB 错误信息

具体分析见表 2-18。

表 2-18　错误含义

错误含义	名为"MMS"的子网内的站控层联锁 GOOSE 控制块，组播地址无效或未填写
异常分析	划分子网时，漏设置组播 MAC 地址  装置 访问点 逻辑设备 控制块 组播地址 VLAN标识 VLAN优先级 应用标识 最小值 1 PE1001 S1 CTRL gocb0 01-0C-CD-01- 000 4 0001 2
解决措施	在组播地址范围内，填上站内唯一的组播地址

6. 报"GSE（……）的 APPID 未设置值"

PCS-SCD 工具在导出站控层 CID 文件时，报如图 2-82 所示错误，导致无法导出 device. cid 文件。

导出 C:\Users\dugb\Desktop\SCD-CID\PE1001\B01_NR4106_device.cid...
错误:GSE (SubNetwork name = MMS, ConnectedAP iedName = PE1001, ConnectedAP apName = S1, GSE ldInst = CTRL, GSE cbName = gocb0) 的 APPID 未设置值

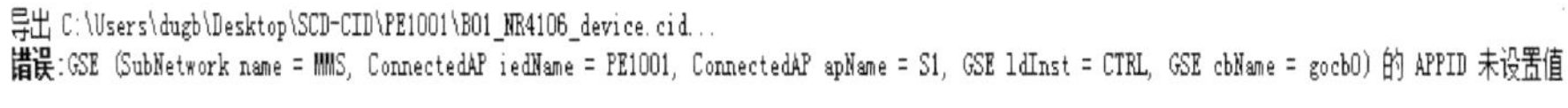

图 2-82　GOCB 错误信息

具体分析见表 2-19。

表 2-19　错误含义

错误含义	名为"MMS"的子网内的站控层联锁 GOOSE 控制块,APPID 属性值无效或未填写
异常分析	划分子网时,漏设置组播 APPID 　　装置　访问点　逻辑设备　控制块　组播地址　　　　　VLAN标识 VLAN优先级　应用标识　最小值 1 *PE1001* *S1*　*CTRL*　*gocb0*　*01-0C-CD-01-00-01*　*000*　　4　　　　　　　　　　*2*
解决措施	填上全站唯一的组播 APPID(四位十六进制数据)

第五节　交换机配置方法

一、交换机简介

典型的智能变电站"三层两网"架构中,站控层与间隔层之间,存在一个用于站控层通信的网络;间隔层与过程层之间,也存在一个用于过程层通信的网络。两个网络各自面向不同的通信环境和通信技术,并对各自采用的交换机提出了不同的功能需求,本节结合工程应用的特点,以南瑞继保的 PCS-9882 系列工业以太网交换机为例,分别介绍站控层、过程层交换机的配置方法。

PCS-9882 系列工业以太网交换机,采用前面板的"Console"端口,进行终端登录调试或 Web 登录调试。"Console"端口采用 RJ45 接口方式,端口上集成了一个 RS232 和一个以太网口,可同时通过 RS232 连接超级终端(或同类软件),通过以太网口连接 WEB。

正常情况下,请使用"Console"端口通过 WEB 方式登录。如需监视启动信息或其他特殊操作,可采用"Console"端口的 RS232 方式,用专用调试线连接超级终端或同类软件调试。

二、交换机通用配置

(一)登录

使用专用调试线,连接调试 PC 机网口与交换机"Console"端口,"Console"端口默认 IP 为 192.169.0.82,子网掩码为 255.255.255.0。

打开 WEB 浏览器,输入"Console"端口 IP 地址,按回车键打开登录窗口,如图 2-83 所示,输入用户名和口令,登录 WEB 菜单。

(二)用户管理

交换机提供用户访问权限管理功能,工程现场可管理交换机的用户和权限,新增用户名由字母和数字组成,长度大于 4,密码由大小写字母和数字组成,长度大于 4,不大于 16。

选择"Basic Settings"菜单中的"User Management"项,在打开的用户管理界面中,可管理用户、权限、密码,如图 2-84 所示。

图 2-83　登录

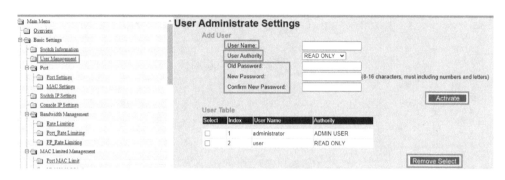

图 2-84　用户管理

User Name:用户名称。

User Authority:用户权限。

READ ONLY:用户具有只读权限,只能浏览参数。

READ WRITE:用户具有读写权限,可以浏览和修改参数。

Old Password:原有密码,当修改已有用户密码时使用。

New Password:新密码,当修改已有用户或增加新用户时使用。

Confirm New Password:新密码确认,当修改已有用户或增加新用户时使用。

1. 新增用户

系统管理员登录,填写 User Name、User Authority、New Password、Confirm New Password 等内容,点击"Activate"按钮,实现新增一个用户。

2. 修改用户密码

本用户登录,填写 User Name、Old Password、New Password、Confirm New Password 等内容,点击"Activate"按钮,实现修改用户密码。

3. 删除用户

系统管理员登录,在用户列表中,选择待删除的用户,点击"Remove Select"按钮,实现删除用户。

三、站控层交换机配置

站控层与间隔层设备之间,一般采用基于 TCP/IP 协议簇的点对点通信技术,特点是实时性高,数据点对点传输,有丢帧重发机制,可确保数据的完整性。

为了提升交换机带宽利用率、抑制广播报文流量、提升通信数据的存储与分析能力,站控层交换机一般采用以下技术进行配置。

（一）镜像管理

点对点通信报文仅能在通信双方进行传输,网络其他端口上的设备无法进行监视分析。在符合信息安全法规的前提下,为了能实现对点对点通信报文的在线分析和历史存储,交换机需要使用端口数据镜像功能,将通信数据实时复制到指定的监视端口。

选择"Diagnosis"菜单中的"Mirror Settings"项,在打开的镜像设置界面开启并配置镜像口,如图 2-85 所示。

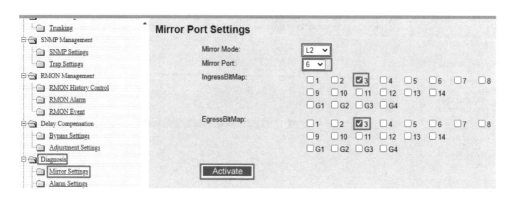

图 2-85　镜像

Mirror Mode:默认值为 OFF,选择"L2",表示开启以太网二层协议帧的镜像。

Mirror Port:开启镜像后,变为可选状态,选择作为镜像口的端口号,不能在 IngressBitMap 和 EgressBitMapt 的复选端口中选择。根据不同细分型号的交换机,可选择一个或多个镜像口。

IngressBitMap:需要将端口输入流量镜像到 Mirror Port 的所有端口,不能选择 Mirror Port 所在的端口,可按需选择一个或多个端口。

EgressBitMap:需要将端口输出流量镜像到 Mirror Port 的所有端口,不能选择 Mirror Port 所在的端口,可按需选择一个或多个端口,一般与 IngressBitMap 配置一致。

（二）静态组播

站控层网络上一般存在某些组播报文,如监控主机间的数据同步、测控单元的跨间隔联锁 GOOSE 等。在不作组播管理的情况下,组播报文会转发至交换机所有端口,造成交换机系统资源和带宽的非必要消耗,同时交换机端口所连的设备也会收到所有非订阅组播,增加装置网口负载。为有效提升数据的传输,可采用静态组播管理技术来管理组播报文。

选择"Multicast Management"菜单中的"Static Multicast Group"项,在打开的静态组播设置界面,配置静态组播表,如图 2-86 所示。

VLAN ID:增加的组播地址所在的 VLAN。如果"Basic Setting—>Port—>Mac Setting"界面中的"MAC Address Study Mode"选择"VLAN_MAC",该处填写实际需要的 VLAN ID,此时每个组播地址在不同的 VLAN 中可以采取不同的转发策略;如果上述"MAC Address Study Mode"选择"MAC",则该值默认为 1,此时每个组播地址在所有

VLAN 中采取同一转发策略。

MAC：需配置的组播 MAC 地址。注意所增加的地址必须为组播类 MAC 地址。

Forward PortBitMap：组播地址允许转发的端口，可以多选，不可不选。

Rate：该 VLAN 中目的地址为所设置 MAC 地址的数据流的速率限制值，默认值 0 表示不限制。设置值最小为 64，分辨率为 32，单位为 kbps。

Burst：该 VLAN 中目的地址为所设置 MAC 地址的数据流的最大瞬时流量值，默认值 0 表示不对端口瞬时流量进行限制，单位为 kbits。

1. 添加一条组播记录

如图 2-86 所示，填写 VLAN ID、MAC、Forward PortBitMap，点击"Activate"按钮，实现新增一条记录。

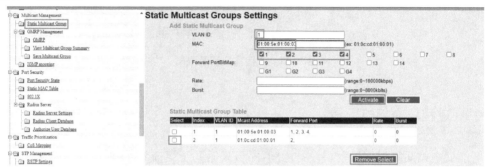

图 2-86　静态组播

2. 修改一条组播记录

如图 2-86 所示，填写 VLAN ID、MAC、Forward PortBitMap，选择该组播地址希望增加的端口，点击"Activate"按钮，实现在原组播记录基础上新增一个端口。

如图 2-86 所示，填写 VLAN ID、MAC、Forward PortBitMap，选择该组播地址希望删除的端口，点击"Clear"按钮，实现在原组播记录基础上删除一个端口。

3. 删除一条组播记录

如图 2-86 所示，在静态组播表中，选择一条已配置好的静态组播记录，点击"Remove Select"按钮，实现删除一条组播记录。

4. 实例

静态组播表的配置方法，同"添加一条组播记录"。

另外，为了避免因漏配置组播表，造成未注册的组播报文无序转发，还应在图 2-87 所示界面，将"VLAN 1 Unregisted Multicast"修改为"DROP"，实现将收到的未注册组播报文丢弃，否则，未注册组播会在所有端口转发。

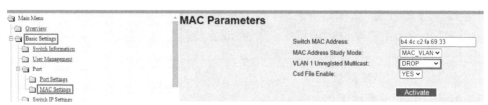

图 2-87　转发策略

（三）流量限制

站控层网络上的各种广播报文，也会消耗所连设备的网口资源，为了减少这种消耗，可对广播报文流量进行限制。

选择"Bandwidth Management"菜单中的"Rate Limiting"项，在打开的流量限制窗口，开启广播报文限制，默认的限速速率是 600 kbps，该值可按需修改，最后点击"Activate"按钮，开启广播报文限速功能，如图 2-88 所示。

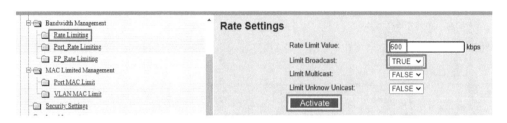

图 2-88　广播报文流量限制

四、过程层交换机配置

智能变电站间隔层与过程层设备之间，一般采用基于组播的 GOOSE、SV 通信技术，特点是面向组播组，实现数据的高实时性传输，数据的可靠性通过快速重传来保证。

为了有效提升过程层交换机带宽利用率，为流量突变时预留带宽，实现组播报文有序传输，以及高精度的 1588 对时等，过程层交换机一般采用以下技术进行配置。

（一）VLAN

虚拟局域网 VLAN(virtual local area network)技术是通过将局域网内的设备逻辑地划分成不同网段，从而实现组建虚拟工作组的技术，可减少碰撞和广播风暴，增强网络安全性，并为 802.1D 协议的实现奠定了技术基础，提供了实现手段。

VLAN 划分的几种模式：基于 802.1Q 的 VLAN、基于端口的 VLAN、基于协议的 VLAN、基于 MAC 的 VLAN、基于 IP 的 VLAN。基于 802.1Q 和端口的 VLAN 划分模式是最简单、有效的方法，在智能变电站网络中得到了充分、有效的应用。基于端口的 VLAN 模式是从逻辑上把交换机按照端口划分成不同的虚拟局域网络，使其在所需用的局域网络上流通。

1. 基于 802.1Q 的 VLAN 配置

基于 802.1Q 的 VLAN，利用进入端口的带标签报文中的 VID，决定报文在交换机内传输的默认 VLAN。例如，某端口进入报文的 VID 为 113，则该报文将在交换机的 VLAN 113 中进行传输，非注册 VLAN 的报文，则直接丢弃。

选择"Virtual LAN"菜单中的"VLAN Settings"项，打开 VLAN Settings 界面，如图 2-89所示。

（1）添加一条 VLAN 配置

VLAN ID：填写分配的 VID 值。

Unreg MC Forward：当前 VLAN 内未配置静态组播转发表的组播报文转发方式，只采

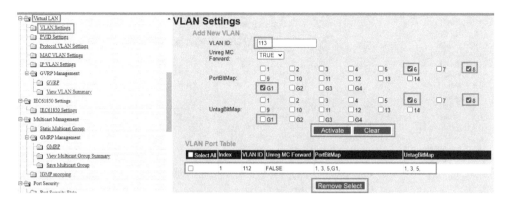

图 2-89　802.1Q VLAN

用 VLAN 方案,不使用静态组播时,选择 TRUE;VLAN 和静态组播同时使用时,选择 FALSE。

PortBitMap:当前 VLAN 包含的端口,复选,可以全部选中,不能不选。

UntagBitMap:当前 VLAN 包含端口中的无标签端口,用于设置出交换机的报文是否保留 802.1Q 标签。根据实际情况设置,一般连接 IED 设备的端口选择,级联交换机的端口不选;PortBitMap 中未选中的端口不需要设置。

填完以上参数,点击"Activate"按钮,实现增加一个 VLAN 端口配置。

（2）修改一条 VLAN 配置

填写待修改 VLAN 的 VID,选择需要追加的端口及 UntagBitMap,点击"Activate"按钮,实现对既有 VLAN 增加一个或多个端口。

填写待修改 VLAN 的 VID,选择需要删除的端口及 UntagBitMap,点击"Clear"按钮,实现对既有 VLAN 删除一个或多个端口。

（3）删除一条 VLAN 配置

选择已配置好的 VLAN,点击"Remove Select"按钮,实现删除一个 VLAN 配置。

2. 基于端口的 VLAN 配置

基于端口的 VLAN,利用 PVID 来决定进入端口的不带标签报文在交换机内传输的默认 VLAN。例如,某端口的 PVID 设置为 112,则进入该端口的不带标签报文将在交换机的 VLAN 112 中进行传播,该设置不会影响进入端口的带标签报文。注意设置的 PVID 值必须为 VLAN 设置中已经设置的 VLAN,否则会导致报文被直接丢弃。

选择"Virtual LAN"菜单中的"PVID Settings"项,打开 PVID Settings 界面,如图 2-90 所示。

对需要设置 VLAN 的端口设置 PVID 值(可用范围是 1～4 094),点击"Activate"按钮,实现 PVID 设置。

3. 基于协议的 VLAN 配置

基于协议的 VLAN 用来决定进入端口的不带标签的指定协议类型报文在交换机内传输的 VLAN。例如,GOOSE 报文协议类型为 0x88b8,设置该协议报文的 VLAN ID 为 112,则进入该端口的不带标签且协议类型为 0x88b8 的 GOOSE 报文将在交换机的 VLAN 112 中进行传播。注意设置的 VLAN ID 值必须为 VLAN 设置中已经存在的 VLAN,否则

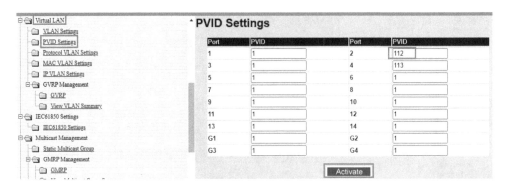

图 2-90　端口 VLAN

会导致报文被直接丢弃。

选择"Virtual LAN"菜单中的"Protocol VLAN Settings"项,打开 Protocol VLAN Settings 界面,如图 2-91 所示。

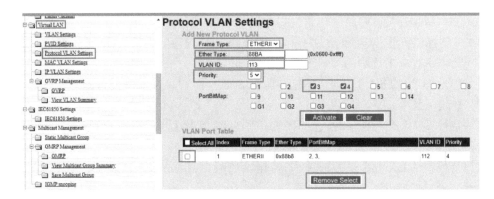

图 2-91　协议 VLAN

(1) 添加一条 VLAN 配置

Frame Type:进入交换机的帧结构类型,目前仅开放了 ETHERII 一种选项,即以太网帧。

Ether Type:以太网报文的协议类型,支持 16 进制输入,最大值为 0xFFFF。

PortBitMap:交换机开启指定协议类型报文的协议 VLAN 转发端口配置,复选,可以全部选中,不能不选。

VLAN ID:当前设置协议 VLAN 的 ID 号,取值范围为 1~4 094。

Priority:设置指定协议类型报文的优先级,取值范围为 0~7,7 为最高优先级,GOOSE/SV 的默认优先级均为 4,可按需修改优先级值。

填完以上参数,点击"Activate"按钮,实现增加一个 VLAN 端口配置。

(2) 修改一条 VLAN 配置

填写待修改 VLAN 的 Frame Type、Ether Type、VLAN ID、Priority 参数,在 PortBitMap 参数处选择需要追加的端口,点击"Activate"按钮,实现对既有 VLAN 增加一个或多个端口。

填写待修改 VLAN 的 Frame Type、Ether Type、VLAN ID、Priority 参数,在 PortBit-Map 参数处选择需要删除的端口,点击"Clear"按钮,实现对既有 VLAN 删除一个或多个端口。

(3) 删除一条 VLAN 配置

选择已配置好的协议 VLAN,点击"Remove Select"按钮,实现删除一个协议 VLAN 配置。

4. 基于 MAC 的 VLAN 配置

基于 MAC 的 VLAN 用来决定进入端口的不带标签的指定源 MAC 地址报文在交换机内传输的 VLAN。例如,源 MAC 地址为 b4:4c:c2:00:01:05,设置该源 MAC 地址的 MAC VLAN 为 112,则进入该端口的不带标签且源 MAC 地址为 b4:4c:c2:00:01:05 的报文将在交换机的 VLAN 112 中进行传输。注意设置的 MAC VLAN 值必须为 VLAN 设置中已经存在的 VLAN,否则会导致报文被直接丢弃。

选择"Virtual LAN"菜单中的"MAC VLAN Settings"项,打开 MAC VLAN Settings 界面,如图 2-92 所示。

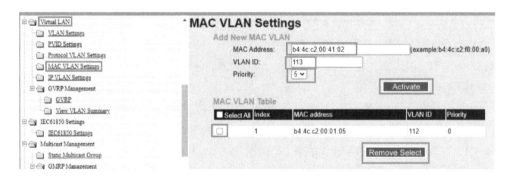

图 2-92　MAC VLAN

(1) 添加一条 VLAN 配置

MAC Address:以太网报文的源 MAC 地址,不能是组播和广播报文,否则将导致行为异常。

VLAN ID:当前设置协议 VLAN 的 ID 号,取值范围为 1~4 094。

Priority:设置指定协议类型报文的优先级,取值范围为 0~7,7 为最高优先级,GOOSE/SV 的默认优先级均为 4,可按需修改优先级值。

填完以上参数,点击"Activate"按钮,实现增加一个基于 MAC 的 VLAN 端口配置。

(2) 删除一条 VLAN 配置

选择已配置好的 MAC VLAN,点击"Remove Select"按钮,实现删除一个 MAC VLAN 配置。

5. 基于 IP 的 VLAN 配置

IP VLAN 用来决定进入端口的不带标签的指定源 IP 地址报文在交换机内传输的 VLAN。例如,源 IP 地址为 198.120.22.11(仅匹配一条 IP 地址时需要设置掩码为 255.255.255.255),设置该源 IP 地址的 IP VLAN 为 11,则进入该端口的不带标签且源 IP 地址为 198.120.22.11 的报文将在交换机的 VLAN 11 中进行传播。注意设置的 IP

VLAN 值必须为 VLAN 设置中已经设置的 VLAN,否则会导致报文被直接丢弃。

选择"Virtual LAN"菜单中的"IP VLAN Settings"项,打开 IP VLAN Settings 界面,如图 2-93 所示。

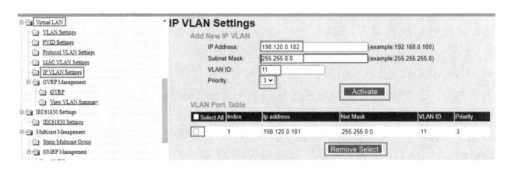

图 2-93　IP VLAN

(1) 添加一条 VLAN 配置

IP Address:IP 报文的源 IP 地址,不能是组播和广播报文。

Subnet Mask:IP 地址的掩码,该掩码的设置决定了该条设置是对一条 IP 地址生效还是对一组 IP 地址生效。例如,IP Address 设置为 198.120.0.100,Net Mask 设置为 255.255.255.255 时,该条目仅对源 IP 为 198.120.0.100 的报文生效;如果 Net Mask 设置为 255.255.255.0,该条目仅对源 IP 为 198.120.0.×××的报文生效,×××为 0~255 的任意值。

VLAN ID:当前设置 Protocol VLAN 的 ID 号,取值范围为 1~4 094。

Priority:设置报文的优先级,取值范围为 0~7,7 为最高优先级,0 为最低优先级。

填完以上参数,点击"Activate"按钮,实现增加一个基于 IP 的 VLAN 端口配置。

(2) 删除一条 VLAN 配置

选择已配置好的 IP VLAN,点击"Remove Select"按钮,实现删除一个 IP VLAN 配置。

(二) 静态组播

1. 在线配置

过程层交换机静态组播表的配置方法,同站控层交换机的静态组播配置方法一致。

2. 离线配置

鉴于过程层静态组播在线配置条目较多、工作量大的情况,PCS-9882 系列交换机提供静态组播的离线配置及自动生成方法。

该配置方法通过交换机的 IED 化,在 SCD 配置中集成交换机模型,基于虚段子连线所表达的逻辑连接关系,补充交换机与各 IED 以及交换机与交换机之间的物理连接关系,实现完整的数据流建模,进而通过离线生成符合交换机技术规范的 CSD 配置文件,该文件同时包含 IED 设备订阅关系和网络拓扑关系。CSD 文件导入交换机后,自动根据交换机 IED Name 提取并生成静态组播表,其最终效果与在线配置相同。

IED 物理连接关系的配置,参见 SCD 配置中的"物理端口配置"。

CSD 文件在导入交换机之前,须选择"IEC 61850 Settings"菜单中的"IEC 61850 Settings"项,如图 2-94 所示,将"IEC 61850 State"设置为"ENABLE","IED Name"设置为该交换机在 SCD 中的 IED Name,如 SWI112,设置完毕,点击"Activate"按钮,保存参数。

图 2-94　设置 IED Name

　　IED Name 设置完毕后,CSD 文件可通过图 2-95 所示界面导入交换机,同时支持从交换机中导出 CSD 文件。

　　导入并重启交换机后,交换机按所设置的 IED Name 自动提取并生成本交换机的静态组播表,如图 2-96 所示。

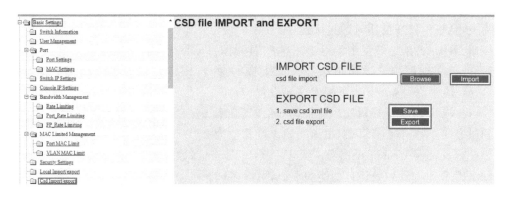

图 2-95　导入 CSD 文件

Static Multicast Group Table

Select	Index	VLAN ID	Mcast Address	Forward Port	Rate	Burst
☐	1	1	01:0c:cd:01:00:01	2,	0	0
☐	2	1	01:00:5e:01:00:03	1, 2, 3, 4,	0	0

图 2-96　静态组播表

（三）GMRP

　　GMRP 是通用属性注册协议(GARP)的一种应用,主要提供二层组播管理功能。GM-RP 的操作基于 GARP 所提供的服务,允许 IED 向连接的交换机动态注册组播组,并且这些信息可以被传播到支持 GMRP 的所有交换机。

　　当某 IED 需要加入一个组播组时,首先发送一个 GMRP join 信息,交换机一旦收到 GMRP join 信息,就会将该 IED 的端口加入适当的组播组,同时将 GMRP join 信息发送到 VLAN 中所有其他 IED 上,当其中一台 IED 作为组播源,发送组播信息时,交换机只通过先前加入该组播组的端口将组播信息发送出去。另外,交换机还会周期性地发送 GMRP 查询报文,如果 IED 想留在组播组中,它就会响应 GMRP 查询;如果 IED 不想留在组播组中,它可以通过发送一个 leave 信息,或者不响应交换机的 GMRP 查询。当交换机在计时器 LeaveAll Timer 设定期间未收到查询的响应信息或者收到 IED 的 leave 信息时,交换机便从组播组中删除该 IED。

选择"Multicast Management"菜单中的"GMRP"项,打开 GMRP Settings 界面,如图 2-97所示。

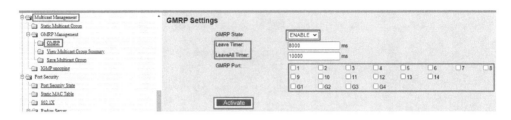

图 2-97　GMRP 配置

GMRP State:开启(ENABLE)或关闭(DISABLE)GMRP 功能。该功能模块在出厂时默认为关闭状态,仅在使用时通过该选项开启。

Leave Timer:某一装置主动退出组播的时间值,即某一装置发出退出组播命令后,在 Leave Timer 的时间内未发出再次加入该组播的命令,则该装置退出该组播。推荐值为 18 000 ms,最小值为 600 ms,可根据需要设置。

LeaveAll Timer:交换机发出查询命令后,若在 LeaveAll Timer 参数时间内未收到应答或收到退出命令,则将该 IED 退出组播组。推荐值为 20 000 ms,最小值为 10 000 ms,可根据需要设置,LeaveAll Timer 参数应大于 Leave Timer 参数。

GMRP Port:开启 GMRP 功能的端口,可以多选。

填完以上参数,点击"Activate"按钮,开启交换机的 GMRP 功能,为实现整个网络上的 GMRP,交换机所连接的 IED 也需支持并开启 GMRP 功能。

GMRP 在动态注册阶段,需要一定的时间来形成组播注册表,此期间组播报文为无序转发;另外,GMRP 功能会在过程层网络上产生非业务的查询/响应报文,额外增加了网络负载。为解决这些问题,PCS-9882 交换机支持将动态注册的组播表进行固化的功能,固化后的效果等同静态组播。

固化操作如图 2-98 所示,选择"Multicast Management"菜单中的"Save Multicast Group"项,打开 Save Multicast Group 界面。

图 2-98　动态组播表的固化

Rate:设置动态组播为 SV 或 GOOSE 数据流的速率限制值,默认值 0 表示不限制。设置值最小为 64,分辨率为 8,单位为 kbps。

Burst：设置动态组播为 SV 或 GOOSE 数据流的最大瞬时流量值，默认值 0 表示不对端口瞬时流量进行限制。设置值最小为 4.5，分辨率为 4.5，单位为 kbits。

速率限制和最大瞬时流量参数，为可选项，默认为空，表示不限制，设置完毕，点击"Activate"按钮，实现组播固化。

开启 GMRP 功能后，可通过图 2-99 所示界面，查看当前已注册的动态和静态组播表。

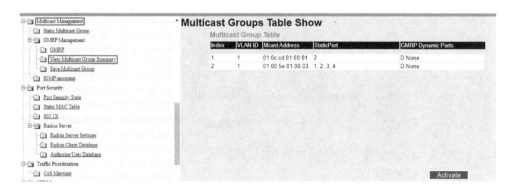

图 2-99　组播表

（四）1588 对时

IEEE 1588 对时是 IEC 61850 的配套对时标准，可实现较高精度的网络对时。在工程实践中，一般采用 IEEE1588 V2 标准，工作模式采用 TC、两步法、Peer to Peer 模式。

选择"Time Management"菜单中的"PTP Global Settings"项，打开 PTP Global Settings 界面，如图 2-100 所示。

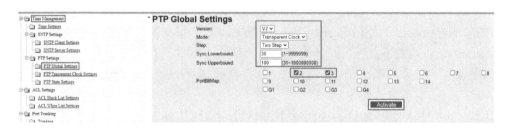

图 2-100　全局参数设置

Version：设置 PTP 协议的版本。选项 V2 表示第二版 PTP 协议。

Mode：用于选择 PTP 的时钟类型。选项 Transparent Clock 表示选取交换机 PTP 协议工作于 TC 模式。

Sync Lowerbound：同步下限，取值范围应小于 Sync Upperbound 的设置值，最小值为 1。

Sync Upperbound：同步上限，取值范围应大于 Sync Lowerbound 的设置值，最大值为 1 000 000 000 us。

PortBitMap：开启 PTP 功能的端口，可复选，不能不选，最少选取 2 个端口。

参数输入完毕，点击"Activate"按钮，实现 1588 全局参数保存。

对工作于 TC 模式的时钟，需要进一步选择"Time Management"菜单中的"PTP Transparent Clock Settings"项,打开 PTP Transparent Clock Settings 界面,进行 TC 参数设置,一般采用默认值即可,如图 2-101 所示。

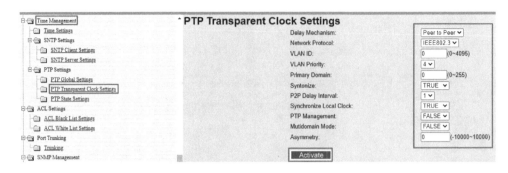

图 2-101 TC 参数设置

Delay Mechanism:设置 PTP 协议延时测量机制。

Peer to Peer:对等延时机制。

End to End:端到端延时机制。

Network Protocol:设置 PTP 报文的发送类型。

UDP IPV4:采用 UDP 组播报文进行 PTP 报文发送、接收。

IEEE802.3:采用二层组播报文进行 PTP 报文发送、接收。

VLAN ID:PTP 报文在发送时携带的 VLAN 值,取值范围为 0~409 5,设置值 0 为仅有优先级值。

VLAN Priority:PTP 报文在发送时携带的优先级,取值范围为 0~7。

Primary Domain:PTP 协议域,默认值为 0,取值范围为 0~255。

P2P Delay Interval:使用 Peer to Peer 情况下的 P2P 报文发送间隔,取值范围为 0~5。

Asymmetry:收发不对称延时补偿,取值范围为 -10 000~10 000 ns。

以上参数一般采用默认值,如须修改,可在参数值允许范围内修改,输入完毕,点击"Activate"按钮,实现参数保存。

IEEE1588 对时功能,默认为关闭状态,如须开启,则选择"Time Management"菜单中的"PTP State Settings"项,打开 PTP State Settings 界面,选择"ENABLE",点击"Activate"按钮,开启交换机 1588 对时功能,如图 2-102 所示。

图 2-102 开启 1588

(五)环网 RSTP 配置

对于光伏、风电、石化等组网范围大的情况,从实用性和经济性考虑,一般采用环网拓扑结构来组网。对于环网,为避免产生网络风暴,必须开启 RSTP 功能。

选择"STP Management"菜单中的"RSTP Settings"项,打开 RSTP Settings 界面,如图 2-103 所示。

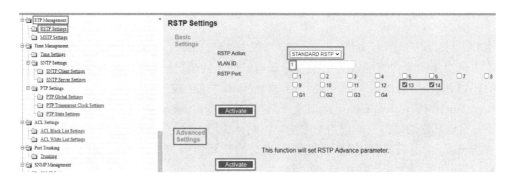

图 2-103　开启 RSTP

RSTP Action:RSTP 功能模块状态。

DISABLE:关闭 RSTP 功能。

STANDARD RSTP:打开标准 RSTP 功能,符合 IEEE 802.1W 标准。

NR RSTP:打开南瑞继保单环网 RSTP 功能,RSTP Port 只能选 2 个端口。

MIXED RSTP:打开混合模式 RSTP 功能,适用环网与非环网交换机混合组环网模式。

VLAN ID:默认值为 1,不须更改。

RSTP Port:复选,最少选择 1 个端口,最多全部选择。

环网 RSTP 策略,一般选择符合 IEEE 802.1W 标准的"STANDARD RSTP",RSTP 端口选择环网连接端口,设置完毕,点击"Activate"按钮,开启交换机 RSTP 功能。环网投入运行前,必须完成该项配置。

RSTP 功能除了设置基本参数,还可以设置高级参数,点击图 2-103 中的"Advanced Settings",打开图 2-104 所示的 RSTP Advanced Settings 窗口。

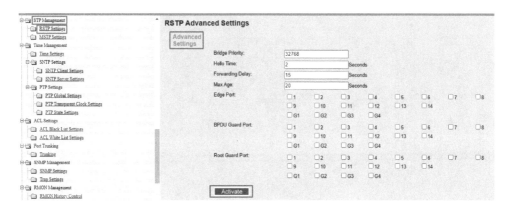

图 2-104　RSTP 高级参数设置

Bridge Priority:默认设置为 32 768,范围为 0~61 440。

Hello Time:默认设置为 2,范围为 1~10。

Forwarding Delay：默认设置为 15，范围为 4～30。

Max Age：默认设置为 20，范围为 6～40。

Edge Port：边缘端口选项，选择相应端口，表示该端口为直接连接装置或终端。开启该功能的端口可以快速转换 Forwarding 状态。默认关闭，只能在已启用 RSTP 的端口上开启。

BPDU Guard Port：BPDU Guard 选项，选择相应端口，表示在该端口上开启 BPDU Guard 功能。开启该功能可以防止在边缘端口上接入网桥、交换机等网络设备而形成环路。默认关闭，只能在已启用 RSTP 并且开启 Edge Port 功能的端口上开启。

Root Guard Port：Root Guard 端口选项，选择相应端口，表示在该端口上开启 Root Guard 功能。开启该功能的端口只能成为指定端口。默认关闭，只能在已启用 RSTP 的端口上开启。

一般情况下，不需要启用"高级设置"，当交换机组（环）网台数超过 20 台时，Max Age 应重新设置，值必须大于交换机台数。此时 Max Age 与 Hello Time、Forwarding Delay 必须满足下述两式关系：

$$2 \times (\text{Forwarding Delay} - 1.0 \text{ seconds}) \geqslant \text{Max Age}$$

$$\text{Max Age} \geqslant 2 \times (\text{Hello Time} + 1.0 \text{ seconds})$$

第三章

检修作业现场二次安全措施实施原则

2014年10月13日至27日，×××变电站现场工作对2号主变及三侧设备进行智能化改造。10月15日，在执行安全措施时将3320开关汇控柜内合并单元A、B套"装置检修"压板投入，PCS-931 GYM保护装置"告警"灯亮，面板显示"3320A套合并单元SV检修投入报警"；WXH-803A保护装置"告警"灯亮，面板显示"中电流互感器检修不一致"。合并单元检修压板投入后，未将相应保护装置中"3320开关SV接收"软压板退出，造成两套保护装置闭锁，当永武Ⅰ线线路故障时，保护拒动，造成保护越级跳闸。

从上述案例中可以看出，采样软压板和检修硬压板投退不正确会导致越级跳闸。智能变电站二次安全措施至关重要，安全措施从常规变电站有形化变成了部分安措无形化，对二次人员技术要求逐渐增高，措施布置点多，技术难以掌握。下面对智能变电站二次安全措施的制定、执行标准、执行顺序进行详细阐述。

第一节　二次工作安全措施票填写原则

明确二次安全措施填写内容，对二次安全措施票填写按安全措施内容进行分类，并在分类前端注明所做安全措施的功能。以智能变电站220 kV线路定检二次安全措施票为例，二次安全措施共分为以下几个内容。

（1）防止运行设备误动隔离措施（表3-1）。吸取×××变电站失压事故教训，在二次安全措施票中增加了对运维人员做的安全措施的检查内容，防止因运维人员未对运行设备进行有效隔离而造成保护误动或拒动。

表3-1　防止运行设备误动隔离措施

××变220 RCS-992稳控装置1
防止运行设备误动隔离措施
① 检查××变220 RCS-992稳控装置1屏"××线电压"空开确已断开
② 检查××变220 RCS-992稳控装置1屏"××线开关位置GOOSE接收号接收"软压板确已退出

（2）记录空开、压板、把手初始状态（表3-2）。吸取某220 kV线路定检时因在定检过程中将线路电压空开断开，定检完成后漏将空开投入，引起线路送电过程中跳闸事故的教

训,在二次安全措施票执行时应记录空开、压板、把手的初始位置,以便工作结束后将其恢复到工作开始前状态。

表 3-2　记录空开、压板、把手初始状态

××线线路保护 A 屏
记录空开、压板、把手初始状态
记录 220 kV××线线路保护 A 屏所有功能及出口压板状态:通道 A 差动(　　)、通道 B 差动(　　)、距离保护(　　)、零序过流保护(　　)、跳闸出口软压板(　　)、启动失灵软压板(　　)、重合闸出口(　　)、闭锁重合闸软压板(　　)、远方投退压板(　　)、远方切换定值(　　)、区远方修改定值(　　)。空开状态:A 套保护装置电源空开 1K(　　)、测控装置电源 6DK1(　　)、测控装置遥信电源 6DK2(　　)、A 网交换机电源 1 1-17K1(　　)、A 网交换机电源 2 1-17K2(　　)、B 网交换机电源 12-17K1(　　)、B 网交换机电源 2 2-17K2(　　)。记录 220 kV××线测控装置电源切换把手位置(　　)

（3）防止信号频繁上送措施（表 3-3）。落实新疆调度控制中心关于抑制检修信息上送相关要求,避免因设备检修造成大量信息上送,影响调度正常监控,在二次安全措施票中增加了防止检修信息上送的安全措施。

表 3-3　防止信号频繁上送措施

××线线路保护 A 屏
防止信号频繁上送措施
① 投入 220 kV××线保护测控屏"220 kV××线保护装置 A 检修压板"硬压板,并用红色绝缘胶带封住
② 投入 220 kV××线保护测控屏"220 kV××线测控装置检修压板"硬压板,并用红色绝缘胶带封住
③ 断开 220 kV××线保护测控屏后线路保护 PCS-931A-DA-G 保护装置至 MMS 控 A 网网线(ETH1)口、MMS B 网网线(ETH2)口
④ 断开 220 kV××线线路测控装置后 A、B 网网线,并做好记录 A 网(NET1)、B 网(NET2)

（4）防止误跳相关断路器（表 3-4）。在间隔定检过程中,可能会造成相关断路器跳闸的回路应断开,避免造成运行设备或非本工作范围内设备跳闸。比如光纤差动保护可能误跳对侧断路器,线路保护的失灵开出回路可能造成母差保护失灵动作,主变保护可能误跳母联(分段)断路器。

（5）防止二次电压反送电措施（表 3-5）。二次电压反送电可能造成检修人员触电事故、运行母线二次失压、损坏试验设备等严重后果。在间隔定检时,应将二次电压回路断开,避免试验电压反送至电压互感器。

表 3-4　防止误跳相关断路器

220 kV××线线路保护 A 屏
防止误跳相关断路器
① 在 220 kV××线线路保护 A 屏后断开光纤通道 A(上 RX1、下 TX1),断开前核对标示是否正确、清晰,同时用尾纤将保护通道自环
② 在 220 kV××线线路保护 A 屏后断开光纤通道 B(上 RX1、下 TX1),断开前核对标示是否正确、清晰,同时用尾纤将保护通道自环

(续表)

220 kV××线线路保护 A 屏
防止误跳相关断路器
③ 在 220 kV××线线路保护 A 屏装置整定项内将对侧识别码由(　　)改为(　　)
④ 检查 220 kV××线线路保护 A"启动失灵软压板"确已退出
⑤ 在 220 kV××线线路保护 A 屏后断开保护组网 B07-1 口(<u>上发下收</u>)
220 kV××线智能控制柜
防止误跳相关断路器
① 在 220 kV××线智能控制柜后断开稳控 A 套直采 B01-4(<u>上发下收</u>),断开前核对标示是否正确、清晰
② 在 220 kV××线智能控制柜后断开Ⅰ、Ⅱ母 A 套直采 B01-3(<u>上发下收</u>),断开前核对标示是否正确、清晰
③ 在 220 kV××线智能控制柜后断开 A 套 IU 组网 IU-B01-1(<u>上发下收</u>),断开前核对标示是否正确、清晰
④ 在 220 kV××线智能控制柜后断开稳控 B 套直采 B01-4(<u>上发下收</u>),断开前核对标示是否正确、清晰
⑤ 在 220 kV××线智能控制柜后断开Ⅰ、Ⅱ母 B 套直采 B01-3(<u>上发下收</u>),断开前核对标示是否正确、清晰
⑥ 在 220 kV××线智能控制柜后断开 B 套 IU 组网 IU-B01-1(<u>上发下收</u>),断开前核对标示是否正确、清晰

表 3-5　防止二次电压反送电措施

220 kV××线智能控制柜
防止二次电压反送电措施
① 在 220 kV××线智能控制柜内打开第一组保护电压 ZKK4-6 空开,用万用表电阻挡测试空开前后端确已断开,并用红色绝缘胶布粘住空开
② 在 220 kV××线智能控制柜内打开第一组计量电压 ZKK7-9 空开,用万用表电阻挡测试空开前后端确已断开,并用红色绝缘胶布粘住空开
③ 拉开 220 kV××线智能控制柜 UD1(14E-150A1-A601-1)电压连片
④ 拉开 220 kV××线智能控制柜 UD2(14E-150A2-B601-2)电压连片
⑤ 拉开 220 kV××线智能控制柜 UD3(14E-150A3-C601-3)电压连片
⑥ 拉开 220 kV××线智能控制柜 UD5(14E-150B1-A601-5)电压连片
⑦ 拉开 220 kV××线智能控制柜 UD6(14E-150B2-B601-6)电压连片
⑧ 拉开 220 kV××线智能控制柜 UD7(14E-150B3-B601-7)电压连片
⑨ 拉开 220 kV××线智能控制柜 UD9(14E-150C1-A601'-9)电压连片
⑩ 拉开 220 kV××线智能控制柜 UD10(14E-150C2-B601'-10)电压连片

(续表)

220 kV××线智能控制柜
防止二次电压反送电措施
⑪ 拉开 220 kV××线智能控制柜 UD11(14E-150C3-C601′-11)电压连片
⑫ 拉开 220 kV××线智能控制柜 UD14(14E-150D1-L601-14)电压连片
⑬ 拉开 220 kV××线智能控制柜 UD15(14E-150D1-L601A-15)电压连片
⑭ 拉开 220 kV××线智能控制柜 UD16(14E-150D2-L601-16)电压连片
⑮ 拉开 220 kV××线智能控制柜 UD17(14E-150D2-L601B-17)电压连片

（6）防止运行设备误动（表 3-6）。工作过程中因电流回路二次通流试验、一次设备通流试验、电流回路两点接地等，可能会将电流通入运行设备如母差保护、稳控装置等，二次安全措施应将间隔内的电流回路断开。

表 3-6　防止运行设备误动

220 kV××线 2254 智能控制柜
防止运行设备误动
① 拉开 220 kV××线智能控制柜 1ID1(4E-180A1-A411-1)电流连片
② 拉开 220 kV××线智能控制柜 1ID2(4E-180B1-B411-2)电流连片
③ 拉开 220 kV××线智能控制柜 1ID3(4E-180C1-C411-3)电流连片
④ 拉开 220 kV××线智能控制柜 1ID4(4E-180A1-AN411-4)电流连片
⑤ 拉开 220 kV××线智能控制柜 1ID4(4E-180B1-BN411-4)电流连片
⑥ 拉开 220 kV××线智能控制柜 1ID4(4E-180C1-CN411-4)电流连片
⑦ 拉开 220 kV××线智能控制柜 1ID4(4E-129-N412-4)电流连片
⑧ 拉开 220 kV××线智能控制柜 1ID5(4E-129-A412-5)电流连片
⑨ 拉开 220 kV××线智能控制柜 1ID6(4E-129-B412-6)电流连片
⑩ 拉开 220 kV××线智能控制柜 1ID7(4E-129-C412-7)电流连片
⑪ 拉开 220 kV××线智能控制柜 1ID15(4E-180A1-A431-15)电流连片
⑫ 拉开 220 kV××线智能控制柜 1ID16(4E-180B1-B431-16)电流连片
⑬ 拉开 220 kV××线智能控制柜 1ID17(4E-180C1-C431-17)电流连片
⑭ 拉开 220 kV××线智能控制柜 1ID18(4E-180A1-AN431-18)电流连片
⑮ 拉开 220 kV××线智能控制柜 1ID19(4E-180B1-BN431-19)电流连片
⑯ 拉开 220 kV××线智能控制柜 1ID20(4E-180C1-CN431-20)电流连片
⑰ 拉开 220 kV××线智能控制柜 2ID1(14E-180A2-A421-1)电流连片
⑱ 拉开 220 kV××线智能控制柜 2ID2(14E-180B2-B421-2)电流连片
⑲ 拉开 220 kV××线智能控制柜 2ID3(14E-180C2-C421-3)电流连片
⑳ 拉开 220 kV××线智能控制柜 2ID4(14E-180A2-AN421-4)电流连片
㉑ 拉开 220 kV××线智能控制柜 2ID5(14E-180B2-BN421-5)电流连片
㉒ 拉开 220 kV××线智能控制柜 2ID6(14E-180C2-CN421-6)电流连片

（7）二次安全措施票被试设备名称和工作内容与工作票一致,时间为工作票起始时间。

（8）工作前要开展现场勘查(图 3-1),确保保护柜(屏)(或端子箱)名称与实际设备编号一致;拆除二次线端子号、电缆号、回路号、功能填写完整;投退压板编号、压板名称、功能填写完整;智能变断开光纤回路端口号(含插件号)、回路号、功能填写完整。

图 3-1　现场勘查照片

（9）每一项安全措施分行编写,电流、电压回路分相编写。

（10）除记录状态信息一栏须根据实际状态手写外,其余内容均须在现场勘查时核对正确,并采用机打格式,禁止现场随意改动。

第二节　二次安全措施执行标准

（1）检修工作需要在运行设备上执行的断开相关压板、二次空开的措施均由运行人员执行,二次人员将相应措施作为检查项列入二次安全措施票。

（2）常规装置与运行设备之间的二次回路须断开出口压板,拆除连接片,并用绝缘胶布封住(压板连片无法拆除的,断开后用红色绝缘胶布封住),同时还需用绝缘胶布封住出口端子(若为实验端子,则断开出口端子连片)(图 3-2)。

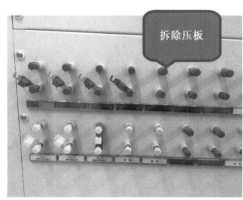

图 3-2　现场实施照片①

（3）运行设备之间的电流隔离措施，除须断开电流连片外，还须用硬质扣板扣住端子排，防止一次通流或人为误加二次电流至运行设备，且断开点应设在工作范围内最靠近运行装置处（图3-3）。

打开电流连片并用扣板扣住

图3-3 现场实施照片②

（4）电流回路封流必须使用四联短插塞或电流短接片，若使用短接线，必须用螺丝将其固定在接线端子上。

（5）电压二次回路防反送隔离措施至少采取两处断点，包括断开电压空开、断开进装置处端子连片；对于使用电压切换箱的电压回路，无法通过拉开电压连片进行隔离的，应断开切换箱电源。

（6）同屏运行设备前后须用红布幔遮住，端子排使用红布幔遮住或用硬质扣板扣住；电压空开、控制把手均须用专用扣盒扣住；压板用红布幔或专用扣盒扣住，防止误动（图3-4）。

图3-4 现场实施照片③

第三节　二次安全措施执行顺序

变电站(尤其是智能变电站)二次安全措施执行顺序错误,可能引起继电保护误动或拒动。本节根据二次设备特性,总结继电保护工作经验,为方便现场操作实施,提出了二次安全措施执行顺序原则,避免因安全措施执行顺序不合理给二次设备造成安全隐患。

(1) 检查运行设备上所做隔离措施是否完备(尤其是智能变电站相关 SV、GOOSE 接收压板)。在间隔定检时,运行设备一般不在工作范围内,这些设备的安全措施由运维人员完成。甘肃永登变电站失压事故,就是因为运维人员未退出运行设备 SV 接收压板,造成运行设备闭锁。因此,在对检修设备进行隔离前,检查与检修设备有关的运行设备安全措施是否完备,非常必要。

(2) 记录检修设备相关压板、空开、把手等初始状态。在间隔定检过程中,难免对检修设备的压板、空开、把手等进行操作。因此,需要记录其初始状态,以便工作结束后将其恢复到工作开始前状态。

(3) 执行信息屏蔽相关安全隔离措施,包括保护信息子站置检修,保护测控装置站控层通信网线,至公用测控装置失电告警信号二次线公共端拆除等。在二次安全措施执行过程中,会产生大量的告警信号,将会对调度正常监控造成干扰,因此,须提前做好信号屏蔽措施。

(4) 执行防止误跳相关断路器措施。在检修设备试验过程中,存在误跳相关运行断路器的风险,在工作开始前,下列设施设备须与运行设备进行隔离:

① 检修设备与运行设备相关的压板、回路;

② 修改定值参数、断开线路保护通道等;

③ 投入检修设备的"装置检修"硬压板(智能站);

④ 检修设备与运行设备相关的过程层光纤链路(智能站)。

(5) 执行电压反送电安全隔离措施。

(6) 执行电流回路安全隔离措施。

第四节　二次安全措施票对执行人员的要求

现场布置和恢复继电保护工作安全措施,由两名及以上工作负责人执行,至少一名为十岗及以上工作负责人。按照继电保护工作安全措施票"执行""恢复"栏内容,一人操作,工作负责人担任监护人,并逐项记录。原则上安全措施票执行人和恢复人应为同一人。

(1) 中型、大型工作现场二次安全措施执行、恢复必须有二次专业管理人员到位监督执行。小型、分散作业现场,工作负责人须将执行、恢复后的二次安全措施票及现场执行照片交由管理人员监督审核,查验执行是否规范。

(2) 二次安全措施票执行、恢复必须在监护人的监护下按顺序进行,执行及恢复完成后,工作负责人对照二次安全措施票,按序号再进行一次全面核对,确保安全措施正确、无遗漏。

（3）二次安全措施票一式两份(执行后复印一份)，在工作结束后，一份交由运行部门留存，一份带回班组与工作票一并存档，按月上报中心安全员检查、存档。

第五节　一次设备停电检修二次工作安全措施要点

1. 二分之三接线方式线路停电检修安全措施要点

（1）应检查运维人员所做的稳控装置与停电设备相关的 SV 接收、保护跳闸 GOOSE 接收、断路器位置 GOOSE 接收压板已退出，相应间隔检修压板已投入。

（2）应检查运维人员所做的母线保护与停电设备相关的 SV 接收、失灵联跳 GOOSE 接收压板已退出。

（3）应检查运维人员所做的相邻线路(主变)保护与停电设备相关的 SV 接收压板已退出，相应间隔强制分位压板已投入。

（4）断路器保护应退出启动失灵 GOOSE 发送压板、启线路线路远传 GOOSE 发送压板及跳相邻断路器 GOOSE 发送压板。

（5）投入检修间隔保护装置、测控装置检修硬压板。

（6）断开检修间隔保护装置的 GOOSE 组网光纤。

（7）保护装置、测控装置断开间隔层网线做好信息屏蔽措施。

（8）投入智能终端、合并单元检修硬压板，断开与运行设备(稳控、母线保护、相邻线路保护)相关联的 GOOSE 光纤及电流、电压 SV 光纤，做好防误恢复及防尘措施。检修工作时严禁长时间断开中断路器合并单元装置电源及拔出 SV 组网光纤，否则将影响相邻运行间隔的网省调遥测数据。

（9）应断开电流连片、电压连片及电压空开，使用塑料绝缘扣板将电流电压端子扣住，做好防止误加量至运行设备及电压反送电的隔离措施。

2. 二分之三接线方式单断路器停电检修安全措施

（1）应检查运维人员所做的稳控装置与停电设备相关的 SV 接收、断路器位置 GOOSE 接收压板已退出，相应间隔检修压板已投入。

（2）应检查运维人员所做的母线保护与停电设备相关的 SV、失灵联跳 GOOSE 接收压板已退出。

（3）应检查运维人员所做的相邻线路(主变)保护与停电设备相关的 SV 接收压板已退出，相应间隔强制分位压板已投入。

（4）断路器保护应退出启动失灵 GOOSE 发送压板、启线路线路远传 GOOSE 发送压板及跳相邻断路器 GOOSE 发送压板。

（5）投入检修间隔保护装置、测控装置检修硬压板。

（6）断开检修间隔保护装置的 GOOSE 组网光纤。

（7）保护装置、测控装置断开间隔层网线做好信息屏蔽措施。

（8）投入智能终端、合并单元检修硬压板，断开与运行设备(稳控、母线保护、相邻线路保护)相关联的 GOOSE 光纤及电流、电压 SV 光纤，做好防误恢复及防尘措施。智能终端还应拆除高抗启线路远传开入接线。检修工作时严禁长时间断开中断路器合并单元装置电源及拔出 SV 组网光纤,否则将影响相邻运行间隔的网省调遥测数据。

(9) 应断开电流连片、电压连片及电压空开,使用塑料绝缘扣板将电流电压端子扣住,做好防止误加量至运行设备及电压反送电的隔离措施。

(10) 对于存在线路与边断路器测控共用测控装置的间隔,智能站可采取退出相应检修设备智能终端 GOOSE 数据集接收软压板及 SV 接收软压板的安全措施,否则测控装置不应设置安全措施,应断开智能终端 GOOSE 组网光纤。同时,严禁长时间断开合并单元装置电源及拔出 SV 组网光纤,否则将影响网省调遥测数据。

(11) 对于边断路器智能控制柜内存在运行电压合并单元的,应做好防止误碰电压合并单元的隔离措施。

(12) 对于可能造成调度数据不准确的工作,应在开工前一周履行 OMS 自动化审批流程,开工前应电话告知网省调自动化人员。

3. 二分之三接线方式母线停电检修安全措施

母线停电检修按单断路器停电检修安全措施执行。

4. 主变停电检修安全措施

(1) 主变间隔停电检修 750 kV 侧的安全措施按线路间隔停电检修安全措施执行。

(2) 应检查运维人员所做的 220 kV 母线保护与停电设备相关的 SV 接收(间隔投入)、主变失灵接收压板及解复压 GOOSE 接收压板已退出。220 kV 稳控装置应退出主变 SV 接收(间隔投入)压板、主变跳闸接收 GOOSE 压板及相应开关位置 GOOSE 接收压板,并投入主变检修硬压板。

(3) 主变保护应退出跳母联、分段、启母线保护失灵、解复压 GOOSE 发送压板。

(4) 投入检修间隔保护装置、测控装置检修硬压板。

(5) 断开主变保护装置的 750 kV 及 220 kV GOOSE 组网光纤,对光纤及光口用红色绝缘胶布粘住,并采取防尘措施。

(6) 保护装置、测控装置断开间隔层网线做好信息屏蔽措施。

(7) 投入智能终端、合并单元检修硬压板,断开与运行设备(稳控、母线保护、相邻线路保护)相关联的 GOOSE 光纤及电流、电压 SV 光纤,做好防误恢复及防尘措施。检修工作时严禁长时间断开中断路器合并单元装置电源及拔出 SV 组网光纤,否则将影响相邻运行间隔的网省调遥测数据。

(8) 应断开电流连片、电压连片及电压空开,使用塑料绝缘扣板将电流电压端子扣住,做好防止误加量至运行设备及电压反送电的隔离措施。

5. 220 kV 线路保护停电检修安全措施

(1) 应检查运维人员所做的稳控装置与停电设备相关的 SV 接收、保护跳闸 GOOSE 接收、断路器位置 GOOSE 接收压板已退出,相应间隔检修压板已投入。

(2) 应检查运维人员所做的母线保护与停电设备相关的 SV 接收、失灵 GOOSE 接收压板已退出。

(3) 投入检修间隔保护装置、测控装置检修硬压板。

(4) 断开检修间隔保护装置的 GOOSE 组网光纤。

(5) 执行定值修改内容并断开线路保护光纤通道。

（6）保护装置、测控装置断开间隔层网线做好信息屏蔽措施。

（7）投入智能终端、合并单元检修硬压板，断开与运行设备（稳控、母线保护）相关联的 GOOSE 光纤及电流、电压 SV 光纤，做好防误恢复及防尘措施。

（8）应断开电流连片、电压连片及电压空开，使用塑料绝缘扣板将电流电压端子扣住，做好防止误加量至运行设备及电压反送电的隔离措施。

6. 220 kV 母联保护停电检修安全措施

（1）应检查运维人员所做的母线保护与停电设备相关的 SV 接收、失灵 GOOSE 接收压板已退出，母联强制分位压板已投入。

（2）投入检修间隔保护装置、测控装置检修硬压板。

（3）断开检修间隔保护装置的 GOOSE 组网光纤。

（4）保护装置、测控装置断开间隔层网线做好信息屏蔽措施。

（5）投入智能终端、合并单元检修硬压板，断开与运行设备（母线保护）相关联的 GOOSE 光纤跳线、电压 SV 光纤跳线，做好防误恢复及防尘措施。

（6）应断开电流连片、电压连片及电压空开，使用塑料绝缘扣板将电流电压端子扣住，做好防止误加量至运行设备及电压反送电的隔离措施。

7. 220 kV 分段保护停电检修安全措施

（1）应检查运维人员所做的 Ⅰ/Ⅱ 母母线保护、Ⅲ/Ⅳ 母母线保护与停电设备相关的 SV 接收、失灵 GOOSE 接收压板已退出，分段强制分位压板已投入。

（2）投入检修间隔保护装置、测控装置检修硬压板。

（3）断开检修间隔保护装置的 GOOSE 组网光纤。

（4）保护装置、测控装置断开间隔层网线做好信息屏蔽措施。

（5）投入智能终端、合并单元检修硬压板，断开与运行设备（母线保护）相关联的 GOOSE 光纤跳线、电压 SV 光纤跳线，做好防误恢复及防尘措施。

（6）应断开电流连片、电压连片及电压空开，使用塑料绝缘扣板将电流电压端子扣住，做好防止误加量至运行设备及电压反送电的隔离措施。

第六节　一次设备不停电检修二次工作安全措施要点

以下条款中未说明电压的为适用于各电压等级的安全措施。条款中含电压等级要求的为相应电压等级安全措施要求，66 kV 及以下电压等级安全措施请参照 220 kV 电压等级安全措施要求执行。

1. 线路、主变、母联、分段保护不停电检修安全措施

（1）应做好软压板、硬压板、空开状态记录。

（2）应投入该保护装置的检修状态硬压板。

（3）应退出该保护装置的全部 GOOSE 出口及功能压板。

（4）应断开该保护装置的 GOOSE 跳闸直连光纤、GOOSE 组网光纤。

（5）应断开保护装置光纤通道。

（6）应断开保护装置间隔层网线，做好信息屏蔽措施。

2. 母线保护不停电检修安全措施

(1) 应做好软压板、硬压板、空开状态记录。

(2) 应退出该保护装置的所有 GOOSE 出口及功能压板。

(3) 应投入该保护装置的检修状态硬压板。

(4) 应断开该保护装置的全部 GOOSE 跳闸直连光纤、GOOSE 组网光纤。

(5) 应断开保护装置间隔层网线，做好信息屏蔽措施。

3. 500 kV 线路电压合并单元不停电检修安全措施

(1) 退出与该套电压合并单元相关的线路保护(主变保护)，当稳控策略需要判断该间隔采样信息时，应退出与该电压合并单元相关的稳控装置。

(2) 应做好硬压板、空开状态、把手记录。

(3) 应投入该合并单元的检修状态硬压板。

(4) 应打开接入该合并单元的所有电压回路的空开，并打开电压端子连片，使用塑料绝缘扣板将电压端子扣住。

4. 500 kV 断路器电流合并单元不停电检修安全措施

(1) 退出与该套电流合并单元相关的线路保护(主变保护)、母线保护，当稳控策略需要判断该间隔采样信息时，应退出与该电流合并单元相关的稳控装置。

(2) 应做好硬压板、空开状态、把手记录。

(3) 应投入该合并单元的检修状态硬压板。

(4) 应跨接接入该合并单元的所有电流回路，并用钳形电流表测量装置测电流为零后打开电流端子连片，使用塑料绝缘扣板将电流端子扣住。

5. 220 kV 线路(主变 220 kV 侧)合并单元不停电检修安全措施

(1) 应退出与该套合并单元相关的线路保护(主变保护)、母线保护，当稳控策略需要判断该间隔采样信息时，应退出与该合并单元相关的稳控装置。

(2) 应做好硬压板、空开状态、把手记录。

(3) 应投入该合并单元的检修状态硬压板。

(4) 当需要更换电流采样插件时，应跨接接入该合并单元的所有电流回路，并用钳形电流表测量装置测电流为零后打开电流端子连片。

(5) 当需要更换电压采样插件时，应打开接入该合并单元的所有电压回路的空开，并打开电压端子连片。

6. 220 kV 母联(分段)合并单元不停电检修安全措施

(1) 应退出该套合并单元对应的 220 kV 母联(分段)保护、220 kV 母线保护。

(2) 应做好硬压板、空开状态、把手记录。

(3) 应断开该合并单元至 220 kV 母联(分段)保护、220 kV 母线保护的 SV 直采光纤，应断开该合并单元的 SV、GOOSE 组网光纤。

(4) 应投入该合并单元的检修状态硬压板。

(5) 当需要更换采样插件时，应短接接入该合并单元的所有电流回路，并用钳形电流表测量装置测电流为零后打开电流连片。

7. 220 kV 母线合并单元不停电检修安全措施

(1) 应退出该套合并单元对应的 220 kV 母线保护。当退出该合并单元影响稳控装置后正常运行时,应退出该合并单元对应的稳控装置。

(2)当退出该合并单元影响线路保护的电压采样时,应退出全部受影响的线路保护。

(3)应做好硬压板、空开状态、把手记录。

(4)应投入该合并单元的检修状态硬压板。

(5)当需要更换电压采样插件时,应打开接入该合并单元的所有电压回路的空开,并打开电压端子连片。

8. 220 kV 线路(主变 220 kV 侧)智能终端不停电检修安全措施

(1)应退出该套智能终端对应间隔的线路保护(主变保护)功能。当稳控策略需要判断该间隔位置信息时,应退出该智能终端对应的 220 kV 稳控装置。

(2)应检查该套智能终端对应的 220 kV 母线保护中该间隔的刀闸位置已经根据实际情况置位。

(3)应做好硬压板、空开状态、把手记录。

(4)应断开该智能终端对应的操作电源。

(5)应退出该智能终端的全部跳闸、合闸、遥控压板,并用红色绝缘胶带粘住。

(6)应投入该智能终端的检修状态硬压板。

(7)应断开该智能终端至线路保护(主变保护)、母线保护、稳控装置的 GOOSE 直采光纤;应断开该智能终端的 GOOSE 组网光纤。

9. 220 kV 母联(分段)智能终端不停电检修安全措施

(1)应退出该套智能终端对应的 220 kV 母联(分段)保护。

(2)应做好硬压板、空开状态、把手记录。

(3)应断开该智能终端对应的操作电源。

(4)应退出该智能终端的全部跳闸、合闸、遥控压板,并用红色绝缘胶带粘住。

(5)应投入该智能终端的检修状态硬压板。

(6)应断开该智能终端至线路母联(分段)保护、母线保护的 GOOSE 直采光纤;应断开该智能终端的 GOOSE 组网光纤。

第四章

智能变电站调试技术

第一节 智能变电站调试工具

为适应由常规变电站到智能变电站的转变，在传统测试仪的基础上，各厂家纷纷研发出了满足智能变电站保护测试需求的光数字继电保护测试仪。测试仪将电压、电流量按照 IEC 61850 协议打包并实时传送到被测设备，被测对象的动作信号通过硬接点或 GOOSE 报文反馈给测试仪，实现保护装置、智能终端等智能二次设备的闭环测试。

光数字继电保护测试仪与传统测试仪的区别主要体现在以下几点：

（1）信号输出方式不同。传统测试仪以模拟量方式输出电压、电流信号，须配置大功率输出单元，而光数字继电保护测试仪以数字量方式输出电压、电流信号，经过 CPU 按照规定格式组成报文发送，无须大功率输出，因而体积小、重量轻。

（2）参数配置不同。传统测试仪只需配置试验参数，而光数字继电保护测试仪由于被测保护装置二次回路集成于 SCD 文件中，测试仪在配置试验参数前，须先读取 SCD 配置文件，配置 SV、GOOSE 模块参数及端口参数。

（3）测试功能不同。智能变电站继电保护试验装置增加了"网络及报文异常测试"，主要针对智能变电站中 SV 报文和 GOOSE 报文的异常情况进行模拟。

光数字继电保护测试仪一般分为常规式和便携式两种。常规式数字测试仪的主要特点是接口齐全，测试模块完善，能够完成各类保护试验测试，但是体积较大，需要外接电源。便携式数字测试仪则刚好相反，体积小，接口少，自带电池供电。两种类型的测试仪特点鲜明，各有所长，可以根据不同的场合选择合适的类型。

第二节 主变保护调试

变压器的纵差动保护用于防御变压器绕组和引出线多相短路故障、大接地电流系统侧绕组和引出线的单相接地短路故障及绕组匝间短路故障。目前，国内的微机型差动保护，主要由分相差动元件和涌流判别元件两部分构成。对于用于大型变压器的差动保护，还有 5 次谐波制动元件，以防止变压器过激磁时差动保护误动。

为防止在较高的短路电流时,由于电流互感器饱和时高次谐波量增加,谐波制动可能导致差动保护拒动,故在谐波制动的变压器差动保护中设置了差动速断元件,当短路电流达到4～10倍额定电流时,速断元件快速动作出口。下面以南瑞继保 PCS-978 变压器保护与北京博电 PNF802 光数字继电保护测试仪为例,介绍主变保护的测试方法。

(一)现场信息确认

(1)参数定值 CT 一次额定值、CT 二次额定值、PT 一次额定值。

(2)现场直流电压为 110 V 或 220 V,与装置是否一致。

(3)直采方式装置对时方式。

- 电 B 码对时,检查 MMI 板里的对时模块,模块版号为 EDP03-CLK. C-A;

- 24 V 接点对时,检查 MMI 板里的对时模块,模块版号为 EDP03-CLK. A-A。

(4)组网方式装置对时方式。

- 组网光差光 B 码对时,检查装置是否使用 E02-DIO. Y-A 板;

- 组网光差 1588 对时,检查 CC 板程序是否支持 1588 对时。

(二)检查保护采样

测试仪采样值输入步骤:

(1)查看保护背面端子接口,将测试仪输出光以太网口 1、2、3 分别与保护高压侧 SV 输入口、低压侧 SV 输入口、GOOSE 输出口相连(以高低侧差动为例)。后面对测试仪 3 个光口的定义将与此相对应。

(2)在保护装置:主菜单→定值设置→软压板→SV 接收软压板,将试验侧的 SV 接收软压板置"1- 投入"。如作高、低压侧差动,就将高压侧、低压侧 SV 接收软压板置"1"。

(3)在保护装置:主菜单→定值设置→软压板→功能软压板,将要测试的保护控制字置"1- 投入"。如测试主保护,即将"投主保护"控制字置"1"。

(4)进入测试软件,点击"系统设置"(图 4-1)(也可在实验页面点击"设置"→"IEC 报文设置"进入系统设置页面)。

图 4-1　Relay Testing System

① 点击"系统参数设置",在输出选择中选取"IEC 61850-9-2"报文输出形式(图 4-2)。

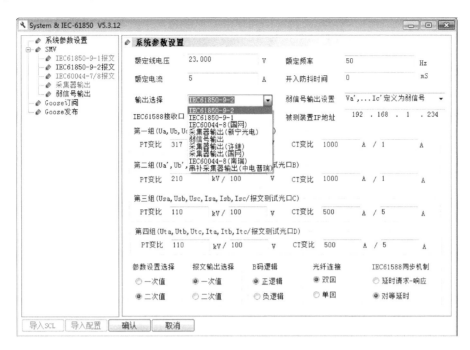

图 4-2 系统参数设置

② 在系统参数设置中选择了"IEC 61850-9-2"的报文输出格式,才可在 SV 菜单中"IEC 61850-9-2 报文"里选。将整站 SCD 文件存于测试仪 D 盘内,点击"导入 SCL",将 dxb. scd文件导入(图 4-3)。(注:必须放在测试仪 D 盘,否则会被系统还原,文件丢失)

图 4-3 IEC 61850-9-2 报文

③ 找到当前差动保护(以♯1 主变保护 PCS-978 为例),点击"SMV 接收",如当前保护

未配置通道,还可通过找到相应的合并单元,点击"SMV 发送"进行设置。勾选相关内容后点击"导入"。如 SCD 文件较多,可在"IEC 查找"栏输入"978",快速查找和 PCS-978 相关的配置文件。如果作差动,需要同时勾选变压器两侧的配置通道(图 4-4)。

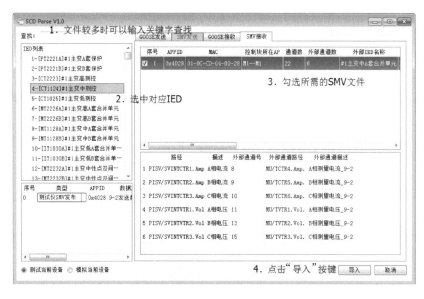

图 4-4　SMV 接收

④ 默认通道配置映射从第一组开始,可以手动修改。如果作差动,在上一步选择两组配置通道,在此步将会导入第一组和第二组报文(图 4-5)。(注:此步骤会从选择组别开始,依次覆盖替换原有 SMV 通道配置信息,如无特别需要,默认第一组)

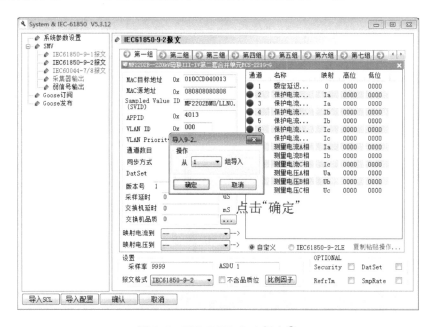

图 4-5　IEC 61850-9-2 报文①

⑤ 选择输出口(第一组默认输出口为 1 口,第二组默认输出口为 2 口),点击"确认"(图 4-6)。

图 4-6　IEC 61850-9-2 报文②

⑥ Goose 订阅。测试仪要接收跳闸信息,必须先订阅 GOOSE(图 4-7)。

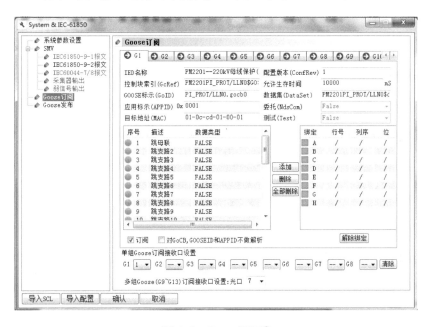

图 4-7　Goose 订阅①

⑦ 选择"Goose 订阅",点"导入 SCL"按钮,按照步骤③的操作找到对应的配置文件,勾选以后点击"导入"。选择当前 Goose 订阅的光口,然后把所需要接收的 GOOSE 虚端子信号绑定到测试仪(图 4-8)。(绑定过程:鼠标选中相应虚端子,然后点击右边的 A-H 进行绑

定,绑定后相应 GOOSE 变位即绑定后的开入量变位)

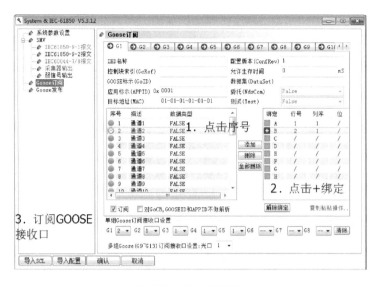

图 4-8　Goose 订阅②

⑧ 配置完成后,点击"系统参数设置"选项,设置 PT、CT 变比,与保护装置保持一致(图 4-9)。

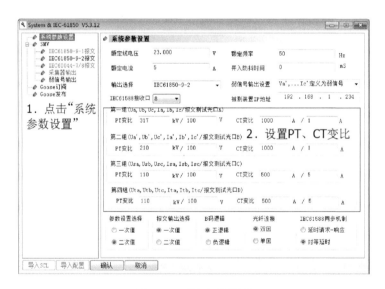

图 4-9　系统参数设置

⑨ 在"通用扩展"单元,输入高压侧采样值"Va、Vb、Vc、Ia、Ib、Ic",以及低压侧采样值"Va'、Vb'、Vc'、Ia'、Ib'、Ic'"(图 4-10)。

(三) 保护试验

1. 差动比率试验(例一)

保护型号:PCS-978 差动保护装置 1 号主变

试验项目:差动比率

图 4-10　通用试验(扩展)

(1) 逻辑判定条件

下列试验中 I_{cdqd} 为差动动作电流定值，I_{p1} 为第一个拐点电流，I_{p2} 为第二个拐点电流，K 为启动段斜率 0.2，K_{b1} 为第一段斜率 0.5，K_{b2} 为第二段斜率 0.75(图 4-11)。

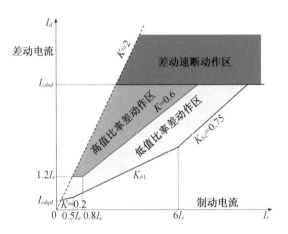

图 4-11　比率差动保护动作特性

稳态比率差动保护动作特性曲线上面是动作区，下面是非动作区。扫描线为跨越动作边界的一个线段，一端在动作区，另一端在非动作区，固定制动电流，变化动作电流进行扫描。

PCS-978 为三角侧转角方式。稳态比率差动动作方程如下：

$$\begin{cases} I_d > 0.2I_r + I_{cdqd} & I_r \leqslant 0.5I_e \\ I_d > K_{b1}(I_r - 0.5I_e) + 0.1I_e + I_{cdqd} & 0.5I_e \leqslant I_r \leqslant 6I_e \\ I_d > 0.75(I_r - 6I_e) + K_{b1}(5.5I_e) + 0.1I_e + I_{cdqd} & I_r > 6I_e \\ I_r = \dfrac{1}{2}\sum_{i=1}^{m} |I_i| \\ I_d = \left|\sum_{i=1}^{m} I_i\right| \end{cases}$$

① 差动保护起动值试验

PCS-978 的起动值部分为一段斜率为 0.2 的线段，软件自动选取制动电流为 $0.5I_{p1}$ 位置扫描动作边界，在 I_{p1} 值偏小的情况下，此位置可能会落在非动作区，可将选取倍数提高到 $0.8I_{p1}$，将扫描位置后移到动作区进行扫描。

② 差动保护Ⅰ段比率测试

在第一段，即斜率为 0.5 段，软件自动根据定值选取两个点进行边界扫描，然后根据两个点的值自动计算本段斜率。扫描点也可以自己直接设置。

③ 差动保护Ⅱ段比率测试

在第二段，即斜率为 0.75 段，软件自动根据定值选取两个点进行边界扫描，然后根据两个点的值自动计算本段斜率。扫描点也可以自己直接设置。

④ 差动保护速断值测试

大于速断值后不需要经过制动而直接动作，在速断部分自动选取或者手动选取一点进行边界扫描。

（2）具体试验步骤

试验参数设置：在"差动"单元进行测试

保护：主菜单→定值设置→保护定值→差动保护定值：

纵差差动速断电流定值　　 $4I_e$

纵差保护起动电流定值　　 $0.5I_e$

二次谐波制动系数　　0.15

点击"整定值"按钮，打开整定值设置界面，按照整定值对相关参数进行修改（图 4-12）。

保护：主菜单→定值设置→保护定值→设备参数定值：

主变高中压侧额定容量　　　240 MVA

主变低压侧额定容量　　　　240 MVA

低压侧接线方式钟点数　　　11 clk

高压侧额定电压　　　　　　220 kV

中压侧额定电压　　　　　　110 kV

低压侧额定电压　　　　　　35 kV

高压侧 PT 一次值　　　　　220 kV

图 4-12 整定值

中压侧 PT 一次值	110 kV
低压侧 PT 一次值	35 kV
高压侧 CT 一次值	2 000 A
高压侧 CT 二次值	5 A
低压侧 1 分支 CT 一次值	4 000 A
低压侧 1 分支 CT 二次值	5 A

点击"通用参数"按钮打开通用参数设置界面,根据设备参数定值、差动动作方程、转角方式进行设置(图 4-13)。

图 4-13 通用参数

① 接线

用 LC-LC 多模光纤使测试仪 1 口连接 PCS-978 的 220 kV 侧 SV 采样,2 口连接 PCS-978 的 35 kV 侧 SV 采样,3 口连接 GOOSE 任意直跳口,导入相应的 SCD 文件并完成相应设置,以保证保护装置采样无异常,具体步骤详见前文采样值试验。

② 保护相关设置

主菜单→定值设置→软压板→SV 接收软压板,高压侧 SV 接收软压板"1-投入",低压侧 SV 接收软压板"1-投入",其他无关压板置"0"。

主菜单→定值设置→软压板→功能软压板,"投主保护"控制字置"1",其他无关压板置"0"。

主菜单→定值设置→保护定值→差动保护控制字,差动速断控制字置"1",比率差动控制字置"1",二次谐波制动控制字置"1",CT 断线闭锁差动保护控制字置"0"。

③ 选择测试项目,点击开始运行软件,直至试验结束,观察保护动作现象与动作报告并记录相关数据(图 4-14)。

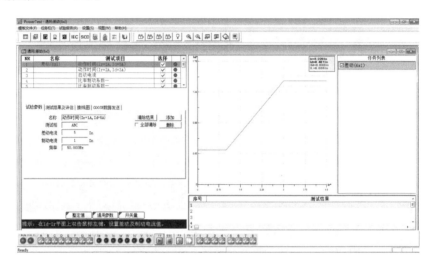

图 4-14　通用差动

2. 高后备复压闭锁方向过流定值测试试验(例二)

保护型号:PCS-978 差动保护装置 1 号主变

试验项目:高后备复压闭锁方向过流定值测试

装置定值:复压闭锁过流Ⅰ段定值　　　　4 A

　　　　　复压闭锁过流Ⅰ段 1 时限　　　1 s

　　　　　复压闭锁过流Ⅰ段 2 时限　　　2 s

　　　　　复压闭锁过流Ⅱ段定值　　　　3 A

　　　　　复压闭锁过流Ⅱ段时限　　　　3 s

(1) 保护相关设置

主菜单→定值设置→软压板→功能软压板,"高压侧后备保护"控制字置"1",其他无关压板置"0"。

主菜单→定值设置→软压板→SV 接收软压板,高压侧 SV 接收软压板"1-投入",其他无关压板置"0"。

主菜单→定值设置→保护定值→高压侧后备保护控制字定值,复压过流Ⅰ段指向母线置"0",表示复压过流Ⅰ段实际方向为指向变压器;复压闭锁过流Ⅰ段 1 时限控制字置"1-投入";复压闭锁过流Ⅰ段 2 时限控制字置"1-投入";复压闭锁过流Ⅱ段控制字置"1-投入"。

主菜单→定值设置→保护定值→跳闸矩阵定值,高后备复压过流Ⅰ段1时限控制字0001,高后备复压过流Ⅰ段2时限控制字0004。

装置中各元件跳闸矩阵定值的定义见表4-1。

表4-1 装置中各元件

位	15	14	13	12	11	10	9	8	7	6	5	4	3	2	1	0
功能	未定义	跳闸备用4	跳闸备用3	跳闸备用2	跳闸备用1	闭锁低压2分支备自投	闭锁低压1分支备自投	闭锁中压备自投	跳低压侧2分段	跳低压侧2分支	跳低压侧1分段	跳低压侧1分支	跳中压侧母联	跳中压侧开关	跳高压侧母联	跳高压侧开关

跳闸矩阵定值为十六进制数,整定方法是在需要跳闸的开关位填"1",其他位填"0",即可得到该元件的跳闸方式。例如,中压侧后备保护的复压方向过流1时限整定为跳中压侧母联,则在第3位填"1",其他位填"0"。这样得到该元件的跳闸矩阵定值为0008。

(2)接线

用LC-LC多模光纤使测试仪1口连接PCS-978的220 kV侧SV采样,2口连接GOOSE高压侧任意直跳口,导入相应的SCD文件并完成相应设置,以保证保护装置采样无异常,具体步骤详见前文采样值试验。

(3)具体试验项目

① 复压闭锁过流Ⅰ段两个时限测试

把1时限跟2时限映射到不同的跳闸矩阵后,依次绑定到相应的虚端子上:0001对应虚端子1跳高压侧开关,绑定到开入量A;0004对应虚端子7跳中压侧开关,绑定到开入量B(图4-15)。

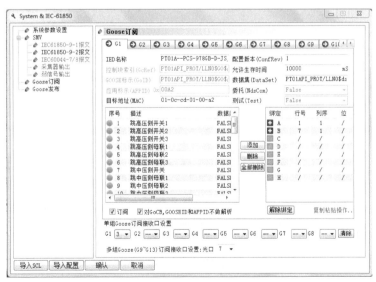

图4-15 Goose订阅

打开状态序列测试界面,设置两个状态:

状态 1 为常态,即正常运行状态,电压为额定电压 57.735 V,三相正序,电流为 0 A,触发条件选择"时间触发",输出时间 5 s(图 4-16)。

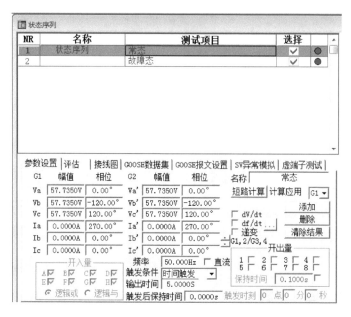

图 4-16 状态序列①

状态 2 为故障状态(模拟任意故障,保护充分动作后依次记录两个不同时限);点击"短路计算"按钮,选择 A 相短路,故障电流为 5 A,点击"确定"按钮完成故障参数设置;触发条件选择"时间触发",输出时间为 5 s(大于最长的保护动作时间)(图 4-17)。

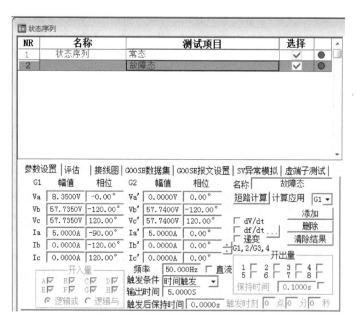

图 4-17 状态序列②

点击"开始"按钮,运行测试软件,在状态 2 自动记录两个动作时间。开入量 A 记录值为复压闭锁过流Ⅰ段 1 时限,开入量 B 记录值为复压闭锁过流Ⅰ段 2 时限。

② 复压闭锁过流Ⅰ段负序电压以及低电压定值测试

打开"复压闭锁(方向)过流"模块,首先在"整定值"里面依次输入装置的保护定值(图 4-18)。低电压定值如果选择线电压的 70%,即 70 V,则对应低电压定义应选择"线电压"。

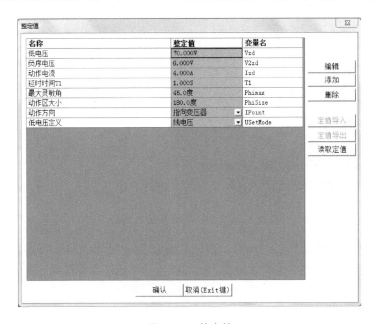

图 4-18　整定值

打开"通用参数"模块,故障前时间为保护动作后复归的时间,设置为 2 s;为了躲过第一次 PT 断线的复归时间,变化前时间设置为 5 s(图 4-19)。

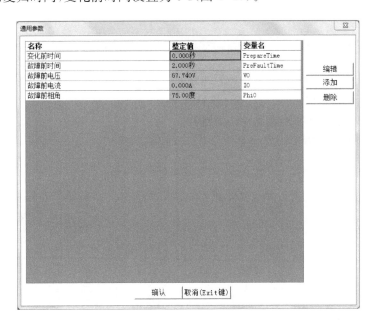

图 4-19　通用参数

设置完毕后勾选"低电压动作值"后运行软件,测试仪自动按照预先设置的步长通过递变的方式三相一起降电压(为了避免负序电压动作),测试出装置的低电压动作值(图4-20)。

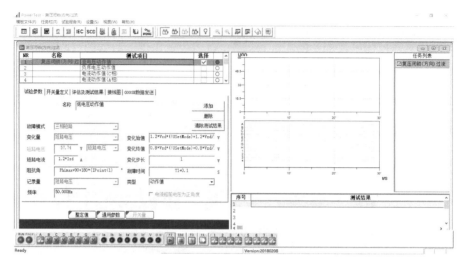

图 4-20 复压闭锁方向过流①

勾选"负序电压动作值"后运行软件,测试仪按照预先设置的步长通过递变的方式两相一起降电压(为了避免低电压动作),增加负序电压,直至测试出负序电压动作值(图4-21)。

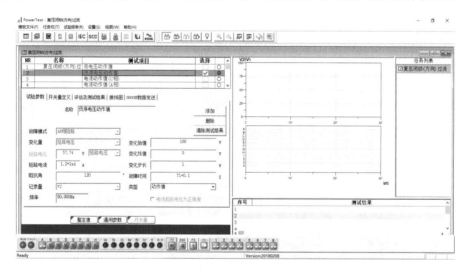

图 4-21 复压闭锁方向过流②

③ 复压闭锁过流 I 段方向元件测试

注明:由于 PCS-978 的复压闭锁的方向元件采用的是"零度接线方式",所以不能采用测试仪的复压闭锁的方向模块(该模块仅提供 90 度接线方式的测试),故完成此试验需要使用"零序方向"模块。

a. 保护逻辑

复合电压元件:复合电压指相间电压低或负序电压高。对于变压器某侧复合电压元件也可经本侧电压作为闭锁电压，也可能只经本侧闭锁。相间方向元件动作特性如图 4-22 所示。

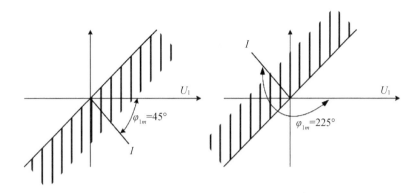

(a) 方向指向变压器　　(b) 方向指向系统

图 4-22　相间方向元件动作特性

b. 参数设置

打开“整定值”界面，按照过流方向的定值进行设置，完成后点击“确定”按钮（图 4-23）。

名称	整定值	变量名
零序动作电流	4.000A	I0zd
零序过流延时T1	1.000S	T1
最大灵敏角	45.0度	Phimax
动作方向	指向变压器	IPoint

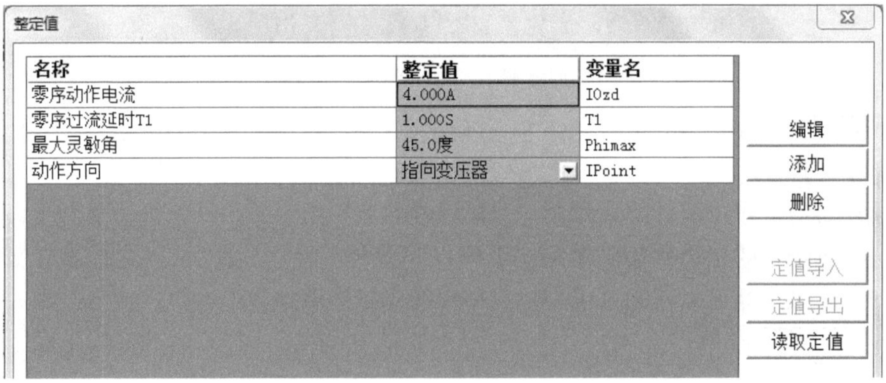

图 4-23　整定值

打开“通用参数”，设置变化前时间和故障前时间，完成后点击“确定”按钮（图 4-24）。

名称	整定值	变量名
变化前时间	3.000秒	PrepareTime
故障前时间	0.000秒	PreFaultTime

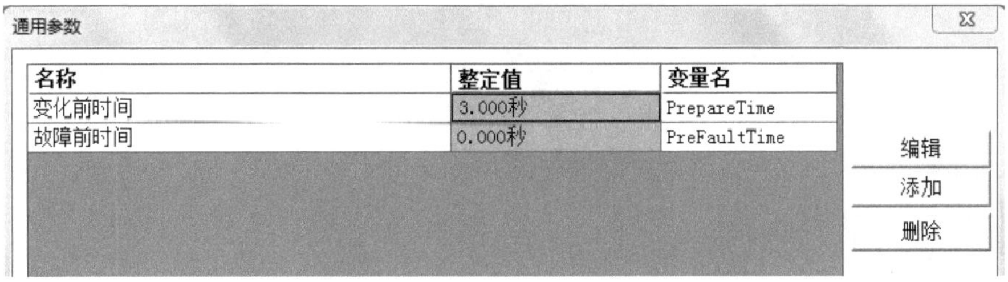

图 4-24　通用参数

设置完成后，在测试项目列表中选取测试项进行测试（图 4-25）。

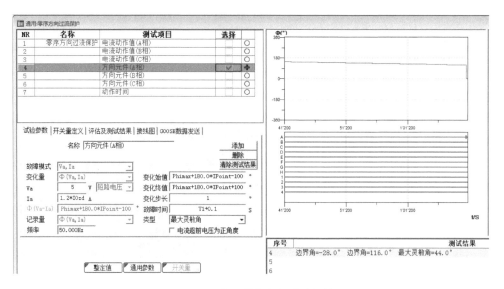

图 4-25 通用零序方向过流保护

第三节 母线保护测试

母线是电力系统的重要组成元件之一,母线发生故障,将影响电力系统的安全生产。与架空线相比,母线发生故障的次数较少,但由于其绝缘老化易受自然因素的影响,互感器损坏或爆炸均可能造成母线短路故障,一旦母线故障,其后果是十分严重的。母线上发生的故障主要是各种类型的接地和相间短路。下面以 WMH-800 型微机母线保护装置与北京博电 PNF802 光数字继电保护测试仪为例介绍母线保护的测试方法。

（一）现场信息确认

（1）参数定值 CT 一次额定值、CT 二次额定值、PT 一次额定值。

（2）现场直流电压为 110 V 或 220 V,与装置是否一致。

（3）直采方式装置对时方式。

（4）电 B 码对时,检查 MMI 板里的对时模块,模块版号为 EDP03-CLK. C-A。

（5）5.24 V 接点对时,检查 MMI 板里的对时模块,模块版号为 EDP03-CLK. A-A。

（6）组网方式装置对时方式。

（7）组网光差光 B 码对时,检查装置是否使用 E02-DIO. Y-A 板。

（8）组网光差 1588 对时,检查 CC 板程序是否支持 1588 对时。

（二）检查保护采样

以北京博电 PNF802 光数字继电保护测试仪为例,测试仪采样值输入步骤如下:

（1）查看保护背面端子接口,将测试仪输出光以太网口 1、2、3、4、5 分别与母联 SV 输入口、1 号进线 SV 输入口、1 号主变 SV 输入口、电压合并单元、母联智能终端 GOOSE 输出口相连(选择母联、1 号进线、1 号主变作为测试对象)。后面对测试仪 5 个光口的定义将与此相对应。

（2）在保护装置：按"取消"键→整定→软压板→SV 接收软压板，将（1）中所选择的 SV 对应的 SV 接收软压板置"投入"。作差动时，可将"PT_SV 接收软压板"退出，避免报 PT 断线影响试验。

（3）在保护装置：按"取消"键→整定→保护定值→控制字，将要测试的保护控制字置"1-投入"，退出无关保护。如退出失灵保护，即将"失灵保护"控制字置"0"。

（4）进入测试软件，测试仪 IEC 配置同上文中"主变保护调试"类似，导入 SCD 文件，把母联合并单元、1 号进线合并单元、1 号主变合并单元、电压合并单元导入测试仪，分别映射到测试仪 1～4 口进行输出，5 口接收母线保护的跳闸信息，并关联相应跳闸虚端子到测试仪开入，同时 5 口需模拟母联智能终端发布实际刀闸位置给保护装置。

（5）配置完成后，点击"系统参数设置"选项，设置 PT、CT 变比，与保护装置保持一致（图 4-26）。

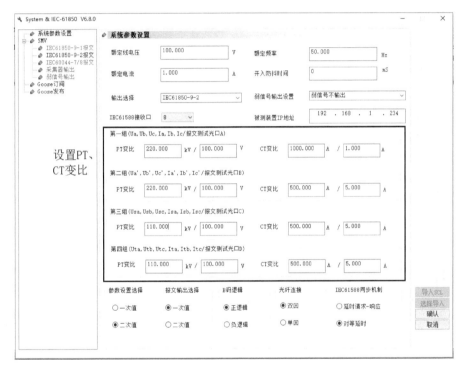

图 4-26　System & IEC-61850 V6.8.0

（6）在"通用试验（扩展）"单元，输入 Ⅰ 母电压（Va、Vb、Vc）、Ⅱ 母线电压（Va'、Vb'、Vc'）以及母联电流（Ia、Ib、Ic）、♯1 进线电流（Ia'、Ib'、Ic'）、1# 主变电流（Isa、Isb、Isc）（图 4-27）。

（三）保护试验

母线比率差动试验（举例）

保护型号：WMH-800B/G 数字化母线保护装置

试验项目：母线比率差动

1. 逻辑判定条件

母线差动保护为分相式比率制动差动保护，设置大差及各段母线小差。大差由除母联外的母线上所有元件构成，每段母线小差由每段母线上所有元件（包括母联）构成。大差作

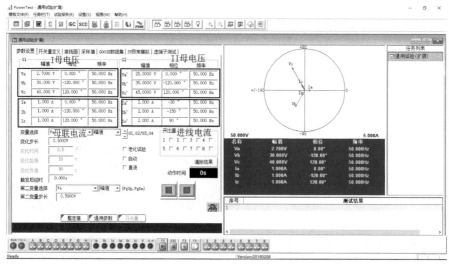

图 4-27 通用试验(扩展)

为启动元件,用以区分母线区内外故障,小差为故障母线的选择元件。大差、小差均采用具有比率制动特性的分相电流差动算法,其动作方程为:

$$I_d > I_s$$
$$I_d > kI_r$$

其中: $I_d = \left| \sum_{j=1}^{n} \dot{i}_j \right|, I_r = \left| \sum_{j=1}^{n} \dot{i}_j \right|$ 。

式中, I_d 为差动电流; I_r 为制动电流; k 为比率制动系数; I_s 为差动电流定值; $\dot{i}_j$ 为各回路电流。

为防止在母联断开的情况下,弱电源侧母线发生故障时大差比率差动元件灵敏度不够,或双母单分段接线合环运行工况下母线故障小差比率差动元件可能灵敏度不够,制动系数设置了高、低两个制动特性。制动特性根据以下三个原则自适应取值:

(1)母线并列运行或单母运行情况下,大差制动系数取高制动特性(0.5),分列运行时取低制动特性(0.3)。

(2)双母单分段接线合环运行时,小差制动系数取低制动特性,其他情况下小差制动系数均取高制动特性。

（3）双母双分接线方式配置两套母差,本套母差不易识别另外一套母差所保护的母联断路器的状态,小差制动系数固定取高制动特性;当母联开关为分位状态时,大差制动系数取低制动特性。

如果大差和某段小差都满足上式的动作方程,判为母线内部故障,母线保护动作,跳开故障母线上的所有断路器。对双母线接线,当某个元件在倒闸过程中两条母线经刀闸双跨、投入母线互联软压板或者相关母联CT断线时,双母线按单母方式运行,此时不再进行故障母线的选择,如果母线发生故障,则将两条母线同时切除。单母线分段母线互联时,同样按单母线处理。图4-28是差动保护动作曲线图。

2. 测试过程中母差保护运行方式的设置

分别测试以下两个项目:①母线并列运行或单母运行情况下大差制动系数取高制动特性(0.5);②分列运行时取低制动特性(0.3)。

试验过程中关于母线并列运行、分列运行的设置,需要注意:母联1分列软压板、母联Ⅰ-Ⅱ互联软压板、母线断路器位置之间关系。

（1）母联分列/并列运行实际计算不判母线断路器位置,而是判"母联1分列软压板"与"母联Ⅰ-Ⅱ互联软压板"。如"母联1分列软压板"投入、"母联Ⅰ-Ⅱ互联软压板"退出,按照母联分列运行计算(0.3);如"母联1分列

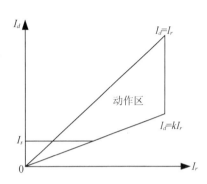

图 4-28 差动保护动作曲线

软压板"退出、"母联Ⅰ-Ⅱ互联软压板"投入,装置按照母线并列运行进行计算(0.5)。

（2）如果母线断路器位置跟"母联1分列软压板"和"母联Ⅰ-Ⅱ互联软压板"不对应,则装置报"位置异常",但是不影响相关高制动特性跟低制动特性的选取。

（3）如果母线断路器位置、"母联1分列软压板"、"母联Ⅰ-Ⅱ互联软压板"都不投入,则需要母联断路器位置给到合位,否则报警"位置异常"。

3. 保护相关定值及控制字设置

① 投SV接收软压板

在保护装置:按"取消"键→整定→软压板→SV接收软压板,进入后会发现除了"PT_SV接收软压板"外,其他都是编号的形式,参照表4-2将需要用到的SV接收软压板置"投入"。

表 4-2 SV 接收软压板编号与实际间隔的对应关系

SV 接收软压板编号	0001	0004	0005	0006	0007	0008	0009
对应间隔	母联	#1主变	#2主变	#1线路	#2线路	#3线路	#4线路

投入:0001 SV接收软压板、0004 SV接收软压板、0006 SV接收软压板。

② 投保护控制字

在保护装置:按"取消"键→整定→保护定值→保护控制字,投入差动保护,退出失灵保护(表4-3)。

表 4-3　定值表①

差动保护	1
失灵保护	0

③ 保护定值

在保护装置:按"取消"键→整定→保护定值→差动保护定值(表 4-4)。

表 4-4　定值表②

差动保护启动电流定值	1 A
CT 断线告警定值	19.99 A
CT 断线闭锁定值	20 A
母联分段失灵电流定值	2 A
母联分段失灵时间	0.2 s

4. 接线

用 LC-LC 多模光纤将测试仪输出光以太网口 1、2、3、4、5 分别与母联 SV 输入口、1 号进线 SV 输入口、1 号主变 SV 输入口、电压合并单元、母联智能终端 GOOSE 输出口相连。导入相应的 SCD 文件并完成相应设置,以保证保护装置采样无异常。

5. 刀闸可以通过实际智能终端提供,也可以通过装置进行强制,以下说明如何通过保护装置进行强制。

在保护装置:按"取消"键→整定→软压板→刀闸强制软压板。

"0004_刀闸强制投退-投,0004_Ⅰ母刀闸-投",对照 SV 接收软压板编号与实际间隔的对应关系的表格,可以看到,0004 代表♯1 主变,此操作即将♯1 主变连接到Ⅰ母上。

"0006_刀闸强制投退-投,0006_Ⅱ母刀闸-投",对照 SV 接收软压板编号与实际间隔的对应关系的表格,可以看到,0006 代表♯1 线路,此操作即将♯1 线路Ⅰ母连接到Ⅱ母上。

6. 母线并列运行高制动特性曲线差动测试

① 在保护软压板中设置:母线Ⅰ-Ⅱ互联软压板"投",母联 1 分列软压板"退"。此设置为Ⅰ母、Ⅱ母并列运行方式。

② SV 接收软压板:投入 0001、0004、0006 的 SV 接收软压板,退出母线电压 SV 接收软压板(避免试验过程中由于 PT 断线影响试验)。

③ 在 GOOSE 发布里面把相对应的母联位置置 10(合位),完成后点击"确定"(图 4-29)。

④ 本装置的母联极性为指向Ⅱ母,采用母联电流映射与挂在Ⅰ母上的支路电流一致,因此在试验过程中由于大小相等、方向相同,Ⅰ母差流为 0,一直不会动作,这就是对母联与Ⅱ母的差动特性进行测试。

⑤ 本试验是实现Ⅱ母与母联之间的差动试验,所以测试仪 GOOSE 订阅需要订阅相对应的"Ⅱ母动作出口"(图 4-30)。

试验参数设置:在"差动"单元进行测试

点击"整定值"按钮,打开整定值设置界面,按照整定值对相关参数进行修改(图 4-31)。由于装置的比率制动曲线是过零点的,因此根据斜率(0.5)、启动电流(1 A),算出拐点

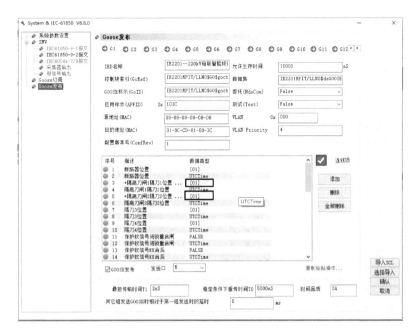

图 4-29 Goose 发布

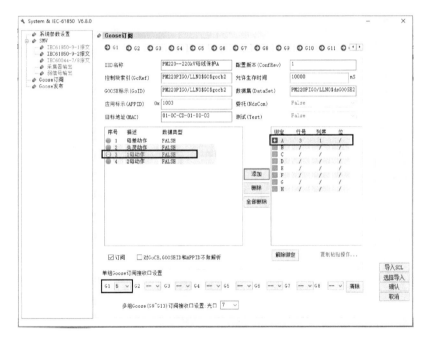

图 4-30 Goose 订阅

1电流为 2 A。

点击"通用参数"按钮打开通用参数设置界面,根据设备参数定值、差动动作方程、转角方式进行设置(图 4-32)。

母线差动不存在转角以及平衡系数,所以按照平衡系数均为 1、YY 接线无转角的方式进行设置。

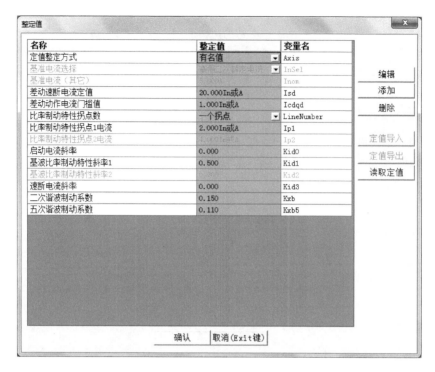

图 4-31　整定值

图 4-32　通用参数①

对应母差制动方程，在制动方程中选择系数 k_1、k_2 均为 1(图 4-33)。

图 4-33　通用参数②

⑥ 选择测试项目,点击开始运行软件,直至试验结束,观察保护动作现象与动作报告并记录相关数据(图 4-34)。

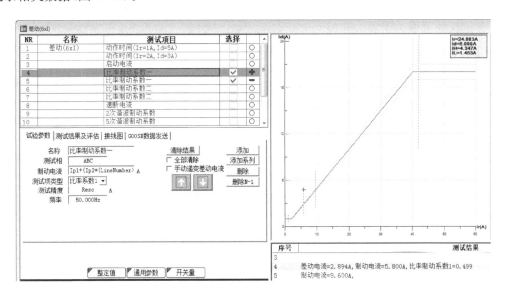

图 4-34　差动

7. 母线分列运行低制动特性曲线差动测试

① 在保护软压板中设置:母线Ⅰ-Ⅱ互联软压板"退",母联 1 分列软压板"投"。此设置为Ⅰ母、Ⅱ母分列运行方式。

② SV 接收软压板:投入 0004、0006 的 SV 接收软压板(可以退出 0001 母联的 SV 接收软压板),退出母线电压 SV 接收软压板(避免试验过程中由于 PT 断线影响试验)。

③ 通过测试仪把相对应的母联位置置 01(分位),完成后点击"确定"(图 4-35)。

图 4-35　Goose 发布

④ 本试验是用挂在 Ⅰ 母上的支路与挂在 Ⅱ 母上的支路进行差动,所以不涉及母联。

⑤ 本试验是实现 Ⅰ 母与 Ⅱ 母之间的差动试验,所以测试仪 GOOSE 订阅需要订阅相对应的"Ⅰ母动作出口"或"Ⅱ母动作出口"(图 4-36)。

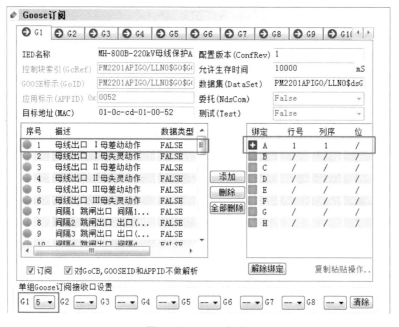

图 4-36　Goose 订阅

⑥ 试验参数设置:在"差动"单元进行测试。

点击"整定值"按钮,打开整定值设置界面,按照整定值对相关参数进行修改。

由于装置的比率制动曲线是过零点的,则根据斜率(0.3)、启动电流(1 A),算出拐点 1 电流为 3.33 A(图 4-37)。

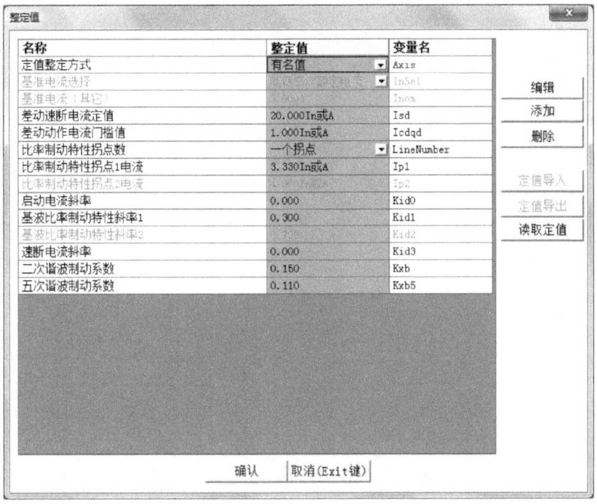

图 4-37　整定值

点击"通用参数"按钮,打开通用参数设置界面,根据设备参数定值、差动动作方程、转角方式进行设置。母线差动不存在转角以及平衡系数,所以按照平衡系数为 1、YY 接线无转角的方式进行设置(图 4-38、图 4-39)。

图 4-38　通用参数①

图 4-39　通用参数②

　　⑦ 选择测试项目,点击开始运行软件,直至试验结束,观察保护动作现象与动作报告并记录相关数据(图 4-40)。

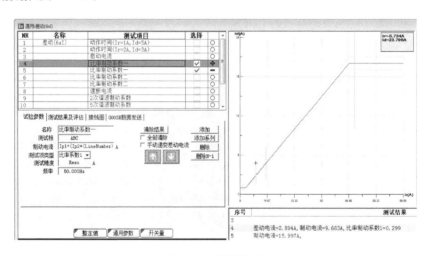

图 4-40　通用差动

第四节　线路保护测试

　　线路保护装置主保护一般为纵联电流差动保护,后备保护为三段式相间距离及接地距离保护、两段式零序定时限过流保护等。下面以北京博电 PNF802 光数字继电保护测试仪为例介绍线路保护的调试方法。

（一）现场信息确认

（1）参数定值 CT 一次额定值、CT 二次额定值、PT 一次额定值。

（2）现场直流电压为 110 V 或 220 V，与装置是否一致。

（3）直采方式装置对时方式。

- 电 B 码对时，检查 MMI 板里的对时模块，模块版号为 EDP03-CLK.C-A；
- 5.24 V 接点对时，检查 MMI 板里的对时模块，模块版号为 EDP03-CLK.A-A。

（4）组网方式装置对时方式。

- 组网光差光 B 码对时，检查装置是否使用 E02-DIO.Y-A 板；
- 组网光差 1588 对时，检查 CC 板程序是否支持 1588 对时。

（二）检查保护采样

测试仪采样值输入步骤：

（1）查看保护背面端子接口，将测试仪输出光以太网口与保护 SMV 输入口相连。注意收发口顺序。

（2）将保护装置 SV 接收软压板置"1 - 投入"。

（3）线路保护测试配置同上文中提到的"母线保护调试"IEC 配置操作不相同，导入 SCD 文件后，用测试仪的光口 1 模拟线路保护合并单元。

（4）配置完毕后点击"IEC"进入系统参数设置页面，设置 PT、CT 变比，与保护装置保持一致（图 4-41）。

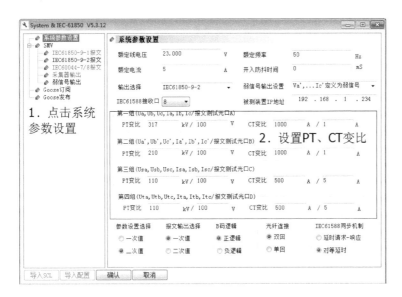

图 4-41　系统参数设置

输入"Va、Vb、Vc、Ia、Ib、Ic"量，如图 4-42 所示。

（三）保护试验

纵联差动保护试验（举例）：

图 4-42　通用试验(扩展)

保护型号:PCS-931 线路保护装置 3 号进线 A

试验项目:纵联差动保护

逻辑判定条件:

下列试验中,I_{dqd} 为差动动作电流定值。

(1)差动保护Ⅰ段试验

模拟对称或不对称故障,使故障电流为 $I=m\times0.5\times1.5\times I_{dqd}$

$m=0.95$ 时,差动保护Ⅱ段动作,动作时间为 40 ms 左右;$m=1.05$ 时,差动保护Ⅰ段动作;$m=1.2$ 时,测试差动保护Ⅰ段的动作时间(20 ms 左右)。

(2)差动保护Ⅱ段试验

模拟对称或不对称故障,使故障电流为 $I=m\times0.5\times I_{dqd}$

$m=0.95$ 时,差动保护应不动作;$m=1.05$ 时,差动保护能动作;$m=1.2$ 时,测试差动保护的动作时间(40 ms 左右)。

(3)零序差动保护试验

模拟故障前状态:三相加大小为($0.9\times0.5\times I_{dqd}$)的电流。

模拟单相故障:A 相电流增大为($1.25\times0.5\times I_{dqd}$),B、C 相电流为 0,持续 100 ms。

差动保护 A 相跳闸,动作时间为 50 ms 左右。动作时间说明是零序差保护动作。

具体试验步骤:

① 装置定值：$I_{cdqd}=1$ A

② 将 NR1213 插件上单模光纤的接收 Rx 和发送 Tx 用尾纤短接，构成自发自收方式；将通道 1 差动保护、通道 1 通信内时钟、单相重合闸控制字均置"1"，电流补偿控制字置"0"，本侧识别码和对侧识别码整定为相同。

③ 将测试仪与保护装置用光纤连接，导入相应的 SCD 文件并完成相应设置，以保证保护装置采样无异常，具体步骤详见前文采样值试验。

④ 以差动保护Ⅰ段为例，故障电流为 $I=m\times0.5\times1.5\times1=0.75m$。

⑤ 为了让Ⅰ段充分动作，设置 $m\geqslant1.05$，故实际故障电流 $I=0.8$ A。

⑥ 打开状态序列测试模块，第一态（常态）正常电压，各相电流为 0；第二态（故障态）正常电压，I_a、I_b 或者 I_c 电流中的某一相设置为故障电流 0.8A，实际持续时间大于 20 ms 即可测出差动Ⅰ段动作时间。

带测动作时间的距离保护及重合闸试验（举例）：

保护型号：PCS-931 线路保护装置 3 号进线 A

试验项目：带测动作时间的距离保护及重合闸

装置定值：接地距离Ⅰ段：7 Ω

接地距离Ⅱ段：12 Ω　时间：0.5 s

接地距离Ⅲ段：20 Ω　时间：1.2 s

相间距离Ⅰ段：7 Ω

相间距离Ⅱ段：12 Ω　时间：0.5 s

相间距离Ⅲ段：20 Ω　时间：2 s

阻抗角：78

重合闸时间：0.8 s

以相间距离Ⅰ段为例，试验步骤如下：

（1）保护定值中距离保护Ⅰ段控制字置"1"，单相重合闸控制字置"1"，三相跳闸方式置"0"，无关控制字全部置"0"。

（2）将测试仪输出口与保护装置 SMV 采样口用光纤连接，导入相应的 SCD 文件并完成相应配置，确保保护装置可以正确采样，具体方法详见前文采样值校验试验。

（3）由于 GOOSE 跳闸命令是保护装置通过光口传输给智能终端的，测试仪想要测出保护装置的动作时间，必须用另一根光纤将测试仪的任一光口与保护装置的 GOOSE 输出口连接，并进行相关配置，测试仪才能正确反映出保护装置的实际动作报文，具体步骤如下：先打开测试仪软件，点击"系统设置"，也可在实验页面点击"IEC"进入系统设置页面（图 4-43）。

（4）点击"GOOSE 订阅"，导入 SCD 文件，找到当前线路保护 PCS-931GMM-D-3 号进线保护 A，点击"GOOSE Outputs"，勾选以后点击"GOOSE 订阅"，然后"确定"（图 4-44）。

（5）默认通道配置映射到第一组，可以手动修改（图 4-45）。（注：此步骤会从选择组别开始，依次覆盖替换原有 GOOSE 通道配置信息，如无特别需要，默认第一组）

（6）将跳闸出口分别绑定到测试仪软件的开入量 A、B、C 上，将重合闸绑定到 D 上。

（7）点击 GOOSE 数据通道中第一行，再点击右侧开入量关联栏中的绑定进行 GOOSE 与开入量信息关联（图 4-46）。

（8）依次把 A、B、C 以及重合闸 D 绑定好，再选择测试仪接收光口为 2 口（测试仪和保

图 4-43　Relay Testing System

图 4-44　控制块列表

护装置连接光纤在几口就设几口,这里以 2 口为例,下同),点击"确认"。

(9)打开测试仪软件,进入状态序列模块,加正常电压与电流,触发条件选时间触发,输出时间设为 30 s(此时间是为了确保保护 PT 断线报警灯灭,重合闸充电灯亮,一般 30 s 可以满足);亦可选用手动触发,但是必须确保 PT 断线消失,重合闸允许(图 4-47)。

此时,由于保护装置和智能终端的 GOOSE 传输光纤被拔掉,无法接收智能终端反馈的实时开关位置信号,必须由测试仪给定一个合位信号方能完成重合闸充电,具体操作如下:

① 点击软件界面中的 IEC 按钮,选中 GOOSE 发布,导入 SCD 文件,找到当前线路保护 PCS-931GMM-D-3 号进线保护 A,点击"GOOSE Inputs",在 GOOSE 描述中找到相关

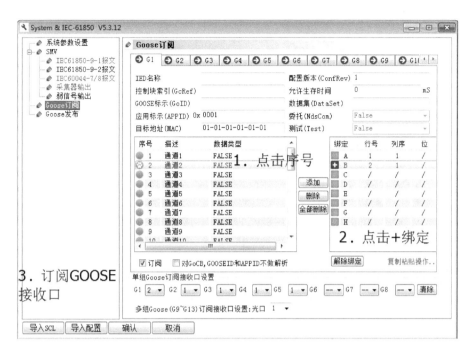

图 4-45　Goose 订阅

图 4-46　Goose 发布

断路器位置信号的 GOOSE 文件并勾选,然后确定(图 4-48)。

②　默认通道配置映射到第一组,可以手动修改(注:此步骤会从选择组别开始,依次覆盖替换原有 GOOSE 发布通道配置信息,如无特别需要,默认第一组)。选择发送光口 2(同GOOSE 订阅),点击"确认"(图 4-49)。

③　在参数设置界面中,选中常态,点击 GOOSE 数据集,点击导入,替换掉上一次试验的 GOOSE 数据集,并将其中的断路器 A、B、C 和总断路器位置由 01 改为 10(01 代表分位,

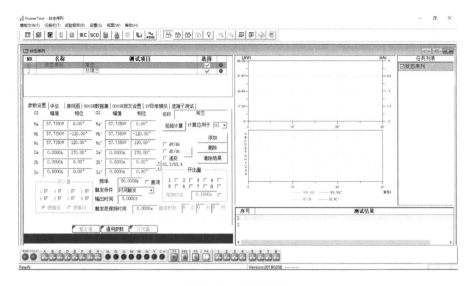

图 4-47　状态序列

图 4-48　Goose 发送

10 代表合位)(图 4-50)。

(10) 选中故障态,设置故障线电压 $U=(m\times2\times I_n\times Z_{zd1})/1.732$,其中 m 为倍数,I_n 为额定电流 5 A,Z_{zd1} 为Ⅰ段距离整定值;故障电流为额定电流 5 A,触发条件选择开入量触发,勾选开入量 A、B、C、D;假设要做 0.95 倍情况下的保护试验,试验参数设置如图 4-51 所示。

此时可以测出保护装置的动作时间,如需测试重合闸时间,点击添加按键,添加一个新的测试点(图 4-52)。

新的测试点的电流电压设置完全与第一状态一致,触发方式选择开入量触发,勾选与重合闸绑定的开入量 D,具体设置如图 4-53 所示。

(11) 点击运行键,开始试验,直至试验结束,观察保护装置并与测试仪时间对比,记录

图 4-49　Goose 发布

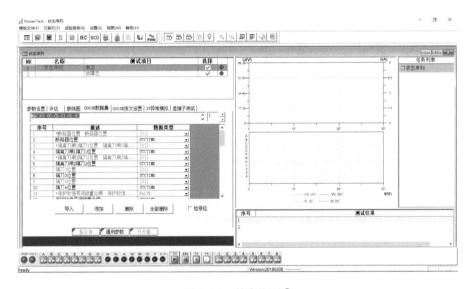

图 4-50　状态序列①

相关数据。

（12）当 $m=1.05$ 时，重复上述步骤，修改相应数据进行试验即可。

（13）结论：0.95 倍情况下，保护启动但不动作；1.05 倍情况下，距离保护 I 段动作，A相跳闸出口，A 相重合闸出口。

（14）距离保护 II 段、III 段与 I 段一样，只需修改相应的参数即可。

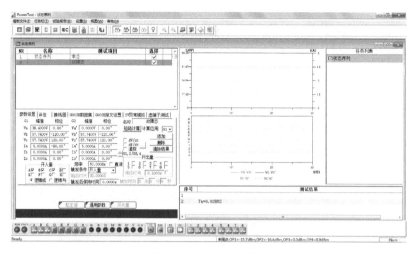

图 4-51　状态序列②

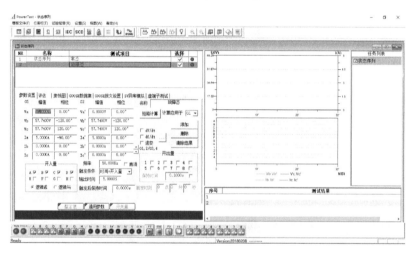

图 4-52　状态序列③

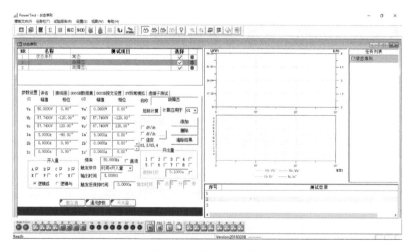

图 4-53　状态序列④

第五节　合并单元测试

合并单元是智能变电站数据采集的重要设备,其主要功能是通过汇集(或合并)多个互感器的输出信号,获取电流和电压采样值并传输到继电保护、测控设备,是二次设备数据采集、合并、转换的重要环节,因此对合并单元的功能及性能的测试,成了智能变电站测试工作的重要内容。

合并单元测试仪是为合并单元专项测试开发的测试工具,能够进行精度测试,首周波测试,报文响应时间测试,采样值报文间隔离散值测试,时钟性能测试,电压并列、切换功能测试等项目。

下面以北京博电 PNI302 合并单元测试仪为例,详细说明合并单元的调试方法。

(一)精度测试

在不变动任何接线的情况下,可一次性完成 MU 输出的所有电压、电流通道的幅值误差、相位误差、频率误差、复合误差的测试,对测试的结果自动评估并给出合格与否的结论。

(1)报文响应时间测试。

(2)可对报文响应时间及响应时间误差(绝对延时)进行测试。

(3)采样值、GOOSE 报文异常分析及统计。

合并单元可对采样值丢包、错序、重复、失步、采样序号错、品质异常、GOOSE 变位次数、TEST 变位次数、Sq 丢失、Sq 重复、St 丢失、St 重复、编码错误、存活时间无效、通讯超时恢复次数、通讯中断恢复次数等影响合并单元正常工作的异常进行实时分析及统计。

(4)采样值报文帧间隔统计。

以优于 40ns 硬件打时标精度对报文的采样间隔进行实时统计。

(5)采样值报文、GOOSE 报文解析。

对合并单元输出的采样值报文、GOOSE 报文进行解析。

测试举例

1. 实现原理及接线

针对合并单元现场实际使用情况,接收装置对组网口数据采用同步法数据计算模式,对点对点口数据采用插值法计算模式。为保证合并单元组网模式及点对点模式下精度较高,合并单元测试仪支持同步法、插值法两种测试方式。

方式 1:同步法

在同步方式下,用合并单元测试仪输出一组模拟量,同时从待测合并单元输出侧接收数字报文,测量其幅值、频率、相位、功率等交流量,将两者进行比较。对待测 MU 和测试仪发送的 1 min 内每一个采样点数据的幅值和时标进行分析、比较,显示幅值和时标的偏差的分布曲线和最大偏差的统计结果。使用站内时钟系统及使用测试仪自带时钟分别如图 4-54、图 4-55 所示。

方式 2:插值法

在非同步方式下,由于标准采样模块与合并单元在各自的时钟下进行采样,此时合并单元测试仪根据 SV 报文的接收时标及 SV 报文中标定的额定延时对采样值进行插值,得到

图 4-54　使用站内时钟系统

图 4-55　使用测试仪自带时钟

与合并单元在同一时标下的采样信号,再通过计算标准信号与被检测信号的幅值差和延时误差标识合并单元的精度。插值法接线如图 4-56 所示。

图 4-56　插值法接线

2. 测试配置

（1）MU 输入配置

打开软件,依据合并单元实际采样值输入类型,可选模拟量输出、IEC 61850 9-2 输出、IEC 60044-8 输出、模拟量＋IEC 61850 9-2、模拟量＋IEC 60044-8、弱信号输出（图 4-57）。

（2）测试仪报文接收类型及通道配置（图 4-58）

步骤 1:选择测试仪报文接收类型,可选 IEC 61850 9-2、IEC 60044-8。依据合并单元实际的报文输出类型来选择,并注意 IEC 61850 9-2、IEC 60044-8 接收在硬件上接线是不同的。

步骤 2:映射测试仪接收到的报文通道与测试仪输出通道。点击"通道配置"按钮,弹出如图 4-59 所示界面,在该界面中点击"导入 SCD 文件"按钮,导入当前所测试的合并单元的采样值输出控制块,此时软件会自动匹配合并单元输出通道和输入控制通道（测试仪输出通道）的对应关系。

图 4-57　设置采样值输入类型

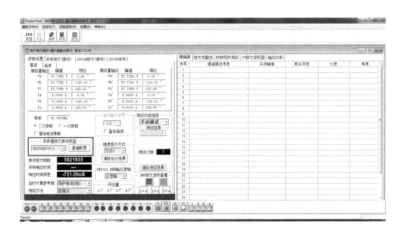

图 4-58　设置报文接收类型

步骤 3：设置合并单元的各组电压、电流输入通道的变比。设置变比时，依据具体的通道分配及使用情况，设置对应电压、电流互感器的变比（图 4-59）。

如某些通道匹配不正确，或无 SCD 文件，则用户可以手动输入通道数，并手动配置合并单元输入控制量和输出通道的对应关系。

3. 测试执行（图 4-60）

步骤 1：确定界面参数按一次值还是二次值设置，同时通过该选项灵活地实现一、二次值根据 PT、CT 变比进行转换。

步骤 2：设置电压、电流输出值。

4. 选择测试方法

可选择同步法与插值法，同步法必须使用测试仪给合并单元对时，插值法可不依赖于对时信号。

首周波测试：实现原理及接线

首周波检测主要用于测试合并单元在完成采样并输出报文时，是否存在正好延迟了整

图 4-59 采样通道配置

数个周波的现象。由于一般的测试方法是通过升压升流设备加量或功率源二次加量进行检测,此时模拟信号为 50 Hz 的周期性信号。当合并单元采样延时一个周波时,测出来的相角差仍然是满足精度要求的,而此时实际 SV 采样报文与模拟量相差了 360 度,存在严重安全隐患。

利用合并单元测试仪产生一个周波的模拟信号并只输出一个周波信号,若合并单元正确地发送采样值报文,则测试仪的标准采样信号与 SV 报文中的被采样信号基本重叠。若合并单元延时一个周波,将能从标准及被检的采样波形中对比出来。

首周波测试接线如图 4-61 所示。

因为需要抓取最开始几个周波,选择"首周波测试"后,运行软件是没有输出的,必须在运行软件后在录波图中点击"开始录波",才会有几个周波的波形输出(图 4-62),所以其他功能不能选择在"首周波测试"方式下进行。

另外,使用此功能时需要有数字量输入且接收到的 SMV 通道必须与"通道配置"中的通道数一致(可先导 SCD 文件配置好通道),所以使用此功能时须特别注意。

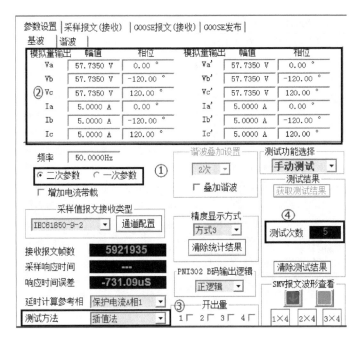

图 4-60　采样输出界面示意图

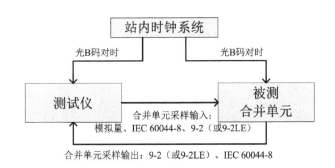

图 4-61　首周波测试接线示意图

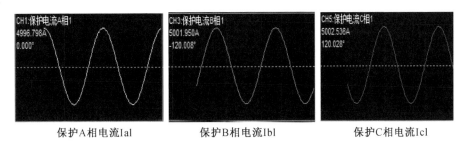

图 4-62　首周波测试输出波形示意图

（二）报文响应时间测试

对报文响应时间及响应时间误差（绝对延时）进行测试。测试仪与外部时钟单元同步后，每收到一个 PPS，测试仪就输出一组从零相位开始的模拟量，同时从待测合并单元接收数字报文并标记时标，考虑 D/A 输出延时等因数后计算过零点或最大值之间的时间差。

报文响应时间测试结果如图 4-63 所示。

接线方式与精度测试的接线方式相同。

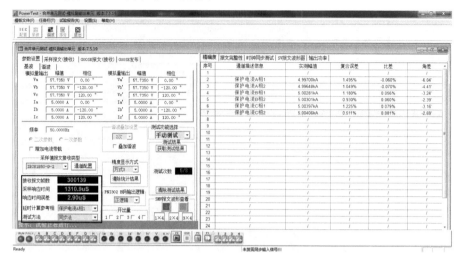

图 4-63　报文响应时间测试结果示意图

（三）采样值、GOOSE 报文异常分析及统计

1. 采样值报文异常分析及统计

可对采样值丢包、错序、重复、失步、采样序号错、品质异常、通讯超时恢复次数、通讯中断恢复次数等影响合并单元正常工作的异常进行实时分析及统计（图 4-64）。

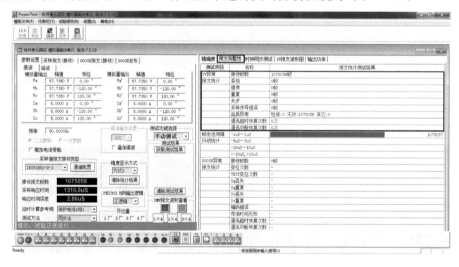

图 4-64　采样值报文异常分析及统计结果示意图

需注意，在对合并单元采样值报文正常测试时，丢包、错序、重复、采样序号错误、通讯超时恢复次数、通讯中断恢复次数的统计是不能出现非 0 值的。

在合并单元没有接对时信号的状态下，出现失步次数的统计是正常的。若在有效对时下，出现了失步次数的统计，则合并单元存在异常。

如出现品质异常的统计，可选择"参数设置区"的"采样报文（接收）"属性页，通过对报文的结构解析具体分析出现异常的原因。

2. GOOSE 报文异常分析及统计

可对 GOOSE 变位次数、TEST 变位次数、Sq 丢失、Sq 重复、St 丢失、St 重复、编码错误、存活时间无效、通讯超时恢复次数、通讯中断恢复次数等影响合并单元正常工作的异常进行实时分析及统计(图 4-65)。

图 4-65　GOOSE 报文异常分析及统计结果示意图

(四)采样值报文间隔离散值测试

以优于 40 ns 硬件打时标精度对报文的采样间隔进行实时统计。MU 测试仪记录接收到的每包采样值报文的时刻,并据此计算出连续两包之间的间隔时间 T。T 与额定采样间隔之间的差值(发送间隔离散值)应满足合并单元技术条件中的相关要求。对合并单元点对点后报文输出口离散性测试时,不允许出现抖动时间间隔超过 250±10 us 的报文帧间隔。规程要求不大于 10 us。组网口则没有这样的测试要求。采样值报文间隔离散值测试结果如图 4-66 所示。

图 4-66　采样值报文间隔离散值测试结果示意图

（五）时钟性能测试

时钟测试仪的功能，可对合并单元的对时精度、守时精度进行高精准测试。

1. 对时精度测试

使用合并单元测试仪的标准时钟源给合并单元授时，并接收合并单元装置返回的 PPS 信号，待合并单元对时稳定后，测量合并单元整秒时钟与接收的 PPS 信号之间的时间差的绝对值 Δt。连续测量 1 min，这段时间内测得的 Δt 的最大值即为最终测试结果。对时误差的最大值应不大于 1 us（图 4-67、图 4-68）。

图 4-67　被测合并单元时钟测试口为光 PPS 时

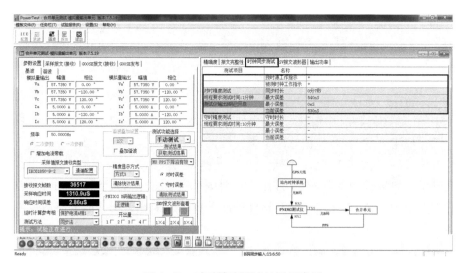

图 4-68　对时精度测试结果示意图

2. 守时精度测试

合并单元先接受标准时钟源的授时，待合并单元输出的 1PPS 信号与标准时钟源的 1PPS 的有效沿时间差稳定在同步误差阈值 Δt 之后，撤销标准时钟源的授时。从撤销授时的时刻开始计时，合并单元保持其输出的 1PPS 信号与标准时钟源的 1PPS 的有效沿时间差在 Δt 之内的时间段，即为该合并单元可以有效守时的时间。10 min 满足 4 us 的精度要求（图 4-69、图 4-70）。

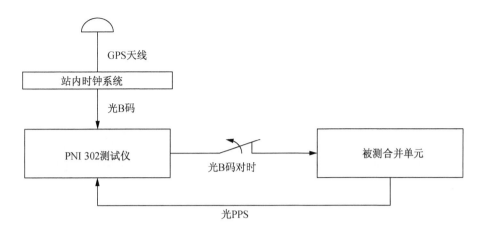

图 4-69　被测合并单元时钟测试口为光 PPS 时

注：上图中的光 B 码对时线上的开关表示在守时测试之前，必须先保证被测合并单元之前已稳定对时，待对时稳定后，再断开光 B 码对时信号，进行守时功能的测试。

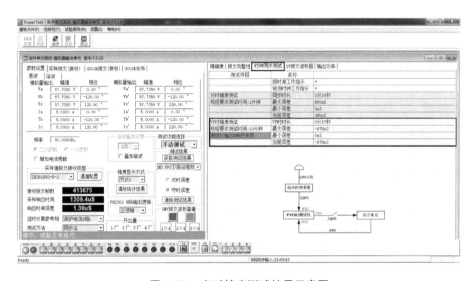

图 4-70　守时精度测试结果示意图

第六节　智能终端调试

（一）异常告警测试

智能终端应进行自检功能检查，模拟智能终端工作电源中断、通信中断、GOOSE 断链、对时异常、控制回路断线等，检查智能终端是否告警正确。

（二）检修机制测试

智能终端应进行检修品质位检查，模拟智能终端检修压板投退，检查智能终端 GOOSE 发送报文的数据品质位是否正确，接收保护、测控的信息是否正确处理。

测试举例：

用 PNS630，接收来自智能终端的 GOOSE 信号，在软件界面中选择"GOOSE 接收""报文统计"，手动模拟智能终端的检修压板，检测图 4-71 中的测试模式。

图 4-71　报文统计 0x1001

（三）开入开出测试

智能终端应进行跳闸出口动作时间测试，模拟发送跳闸 GOOSE 报文至智能终端，测量智能终端的跳闸时间是否不大于 5 ms。

测试举例：

测试接线如图 4-72 所示。

图 4-72　测试接线

导入相应的 SCD 文件，找到被测间隔，选中后导入测试仪 GOOSE 发送（图 4-73）。映射好跳闸所需的虚开出（图 4-74 中即把跳高压侧开关与测试仪开出 1 进行关联）。打开状态序列测试模块，采用三个状态进行动作时间测试（图 4-75、图 4-76、图 4-77）。

图 4-73　GOOSE 发送

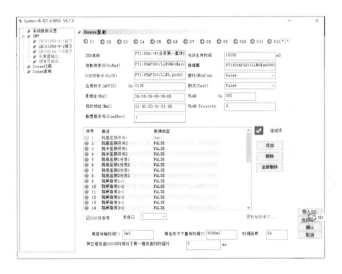

图 4-74　Goose 发布

图 4-75　故障前

图 4-76 跳闸态

图 4-77 复归态

第七节 一次注流试验

（一）一次注流试验的作用

在智能变电站建设工程中，电流互感器及电压互感器可能会发生变比错误、极性错误、相序错误等问题，此外，电流、电压回路系统接线复杂，回路极易出现开路和短路故障。在全站一次设备安装完成、二次电流回路接线完毕的情况下，在 CT、PT 以及二次设备投运前，均应进行一次注流检查，其目的是：检查二次回路是否有开路、短路的地方；检查电流互感器（CT）的变比；检查 CT 二次绕组接线方式和极性是否符合设计要求，对于差动保护还应测量差流、差压及相位；检查有极性要求的继电器及测量表（计）接线是否正确等。

通过对变电站各电压等级、各间隔以及主变本体进行一次注流试验，能够避免 CT 二次回路及 CT 极性接错，可以检查全站 CT 回路的极性、变比、相序是否正确，保证在投运时二次电流回路完全正确，保证全站保护可以安全投运。

（二）一次注流试验方案

一次注流试验，对于无差动回路的 CT 回路，可以直接利用升流器等设备进行一次注流，来检查二次回路的正确性；对于变压器等配置差动保护的电气设备，可以采用 380 V 交流电源一次通电的方法来验证二次回路和差动回路的正确性。

1. 母线间隔一次注流试验

母线间隔一次注流试验，以双母线接线方式为例，注流间隔为一个主变间隔、一个线路间隔、一个母联间隔。

（1）试验接线如图 4-78 所示，检查试验接线以及各间隔断路器、隔离开关及接地刀闸位置无误，如母线上存在其他间隔，确定其他间隔母线刀闸处于分位。

（2）启动试验电源，调节电流输出稳步上升，根据现场 CT 变比适当调整电流输出幅值。

（3）使用高精度相位表测量各 CT 绕组流过电流并记录，观察各间隔保护、测控、故障录波、电度表、母线保护、网络报文分析等装置的采样值。

（4）间隔全部 CT 二次回路测量完毕后，将试验仪器输出调至零，恢复现场断路器、隔离开关和接地刀闸位置。

（5）通过倒闸操作配合完成母线上其他新上间隔一次注流试验。

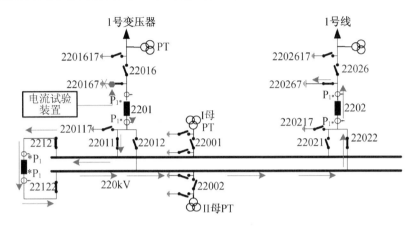

图 4-78　接线示意图

目前，变电站一次设备安装完成，要在电流互感器一次侧通上电流检查每组 CT 的变比极性及二次侧回路接线安装的正确性。一次注流试验有分相交流注入电流试验和三相交流注入电流试验，三相交流注入电流试验可以提高工作效率，而且操作方便。以北京博电 T 系列通流试验装置为例：

（1）使用单相交流试验装置，可以从一次注入幅值可调电流，检查所有接线的正确性，可几组电流互感器同时串接通入电流进行试验。单相交流注流试验接线如图 4-79 所示。

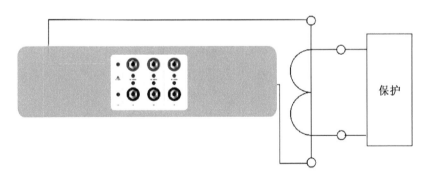

图 4-79　单相交流注流试验接线

接线完成后，在主界面选择一次通流菜单进行零起升流，通过旋转编码器可以调节电流输出的幅值和时间，设置界面如图 4-80 所示。

（2）使用三相交流试验装置，可以从一次注入三相大功率电流和电压，电流和电压之间相位可在 0~360°中任意调节。首先在电流互感器一次侧及电压互感器二次侧同时零起升流升压，然后检查所有接线的正确性及电流电压相位关系，并判断保护装置方向关系等，可几组电

图 4-80　单相交流注流试验装置界面设置

流互感器同时串接通入电流进行试验。三相交流注流试验接线如图 4-81、图 4-82 所示。

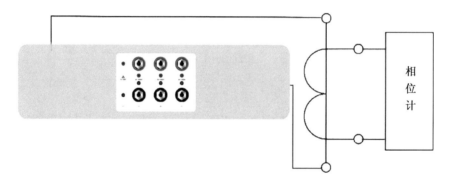

图 4-81　三相交流注流试验接线①

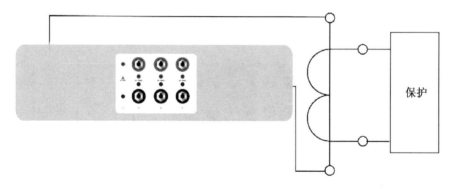

图 4-82　三相交流注流试验接线②

接线完成后,在主界面选择交流注流菜单进行零起升压升流,通过旋转编码器调节三相电流输出的幅值、相位和时间,设置界面如图 4-83 所示。

2. 变压器一次注流试验

变压器低压侧短路、高压侧加 380 V 交流电源一次通电,是一种接近实际运行工况的一次注流试验方法,用变压器本身的短路电流模拟负荷电流。电流将通过一次直接作

交流注流		F1 ↑
设定时间　　**0060s**		输出时间 0000s
IA　　　0.100.0A		
IB　　　0.100.0A		
IC　　　0.100.0A		
U1　　050.00V　　000.0°		同步相IA ▼

图 4-83　三相交流注流试验装置界面设置

用在设备上,然后从保护装置上直接看各相电流、差流、合流的大小,只要各电流显示正确,就可以说明整个回路完全正确。需要指出的是,当使用站内 380 V 动力电源作为注流电源时,电流较小,建议使用专门的一次通流设备,以保证二次回路电流足够大,从而完成回路的检查。

变压器一次注流试验就是让三相对称电流流过变压器三侧的套管 CT、中性点 CT、高压侧独立 CT、中压侧独立 CT,从而验证 CT 和二次回路的正确性。一次注流试验采用两两绕组分别进行注流,为了保证通流时短路阻抗较小,一般选择高压-中压侧通流、中压-低压侧通流。在高压-中压侧通流试验中,通常是在中压侧加电源,将高压侧三相短接构成回路,通过短路电流来校验变压器中压侧独立 CT、套管 CT、高压侧套管 CT、中性点 CT 及二次回路接线的正确性。在中压-低压侧通流试验中,通常选择在中压侧加电源,将低压侧三相短路构成回路,通过短路电流来校验变压器低压侧 CT 及二次回路接线的正确性。

下面以三绕组变压器(500 kV、220 kV、35 kV)为例介绍。

(1) 高压-中压侧一次注流试验接线如图 4-84 所示,确定试验接线以及各间隔断路器、隔离开关及接地刀闸位置无误。

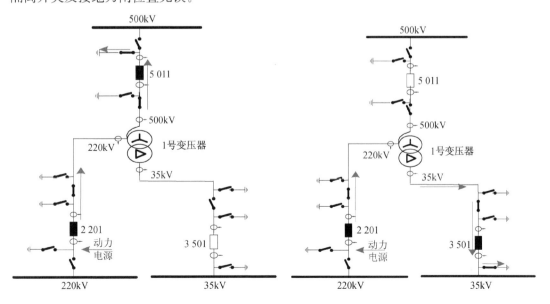

图 4-84　高压-中压侧一次注流试验接线　　　图 4-85　中压-低压侧一次注流试验接线

（2）启动 380 V 动力电源,根据变压器本身的参数计算短路阻抗值,然后计算各侧短路电流幅值和相位的理论值,并折算至二次电流。

（3）通电稳定后,在保护装置观察变压器两侧电流幅值、相位、差流、合流,各值应和理论计算值相一致。

（4）变压器全部 CT 二次回路测量完毕后,关闭 380 V 动力电源,恢复现场断路器、隔离开关和接地刀闸位置。

（5）中压-低压侧一次注流试验接线如图 4-85 所示,试验步骤参照高压-中压侧一次注流试验。

第八节　变电站继电保护相位检验调试

一、相位检验的基本知识

继电保护相位检验是电力生产工作中非常重要的项目之一,主要内容包括:测量电压、电流的幅值及相位关系、中性线电流幅值、差动保护差流等。只有相位检验正确后,继电保护装置才可以投入运行。继电保护投运前必须严格进行相位检验,相位错误将导致正常运行或故障状态的继电保护误动或拒动。

《继电保护和电网安全自动装置检验规程》(DL/T 995—2006)中明确规定:新安装或经更改的电流、电压回路,应直接利用工作电压检查电压二次回路,利用负荷电流检查电流二次回路接线的正确性。

对新安装的或设备回路有较大变动的装置,在投入运行前,应用一次电流及工作电压加以校验和判定。要求对接入电流、电压的相互相位、极性有严格要求的保护装置,其相别、相位关系以及所保护的方向正确;电流差动保护接到保护回路中的各组电流回路的相对极性关系及变比正确;每组电流互感器的接线正确,回路连线牢靠。保护装置未经上述检验,不能正式投入运行。

二、相位检验的试验方法

（一）传统投产方案

一直以来,因为试验条件的限制,试验人员在工程投运前必须通过带一次负载送电来验证二次回路的正确性与完整性,以及检查设备的向量正确性。传统投产方案是采用工作电压检验电压二次回路,采用负荷电流检验电流二次回路。

变电站传统投产启动方案采用循序渐进的方式,安全可靠,但是进度慢、工作量大、存在故障风险等。实际工程投产启动试验,需考虑多种电网运行方式,分步分段进行试验,需要一步步验证一次接线、二次回路、保护装置的正确完整性,试验进度缓慢;带一次负荷试验,二次回路及装置没有得到验证,保护不能直接投入,需增加临时保护等安全措施;带一次负荷试验,从冲击开始到试验结束,操作涉及一次设备的合分和保护的投退,步骤复杂,操作工作量非常大；带一次负荷试验，发现回路故障后，故障排查需要时间，耽误变电站正常投运进度。带一次负荷试验要求必须有一定量的系统负荷，但在变电站投运初期，负荷组织往往较为困难，如负荷太轻、电厂反送电、高铁牵引站送电等，故经常存在检测不彻底，影响变电站正常运行的情况。

传统的相位检验工作是在投运后组织负荷采用"工作电压和负荷电流"进行的，这是一种"事后验证"的检查方法。

（二）模拟一次负荷法

变电站投运前模拟一次负荷法继电保护相位检验是指通过试验设备向被测元件一次侧加入电压、电流，在保护装置显示屏查看相应的电压、电流幅值及相位数据，来验证保护装置二次回路的正确性。

此类装置一般采用同步触发技术控制设备输出电压、电流幅值及相位，模拟线路、变压器的实际负荷，利用在电压互感器一次侧加电压、电流互感器一次侧加电流的方法，检查二次设备的相位正确性，在投产前完成变电站内所有继电保护装置相位检验工作，缩短工程投产时间，使电网工程投产工作效率更高，更安全。

以北京博电 PPV1000 变电站继电保护向量检查成套试验装置为例。

（1）系统组成

变电站投运前继电保护相位检验成套试验装置，一般配置为两台三相电流试验装置以及一台或两台三相电压试验装置（表 4-5）。

表 4-5　继电保护相位检验成套试验装置

序号	名称	数量	备注
1	电流输出装置	2	单台装置输出 3×300 A
2	电压输出装置	1/2	单台电压功放输出 3×120 V
			升压变比 100 V/10 kV，三相一体
3	通信对时系统	1	兼容无线和有线两种方式

（2）试验项目及方法

• 线路保护相位检验试验（图 4-86）

在线路电压互感器一次侧断引，利用三相电压试验装置注入一次电压；在线路 CT 利用三相电流试验装置注入一次电流，通过软件调整电压、电流输出幅值相位，检验线路保护装置等的二次幅值、相位的正确性。每条线路可以分别进行"模拟线路带阻性负荷检查"、"模拟线路带阻容性负荷检查"和"模拟线路带阻感性负荷检查"、"中性线检验"等试验。

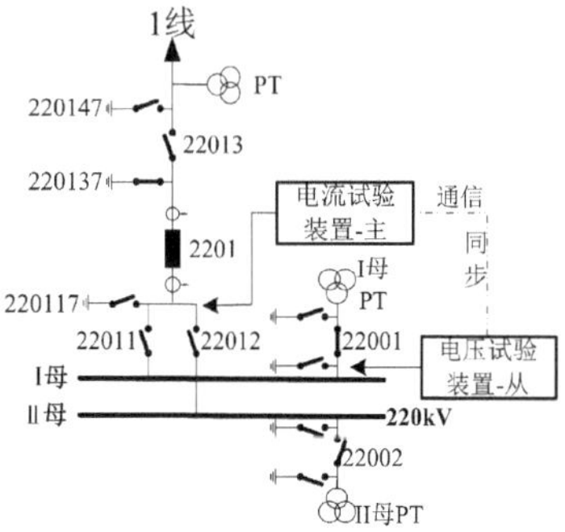

图 4-86　线路保护相位检验试验接线图

• 母线保护相位检验试验（图 4-87）

母线差动保护可以将三相电流试验装置产生的可调一次电流加至其中一个出线间隔，通过倒运行方式，电流经过母线、母联、分段断路器，最终使试验一次电流通过母差保护各间隔被测 CT，同时在被测 CT 最末端短路构成回路。通过软

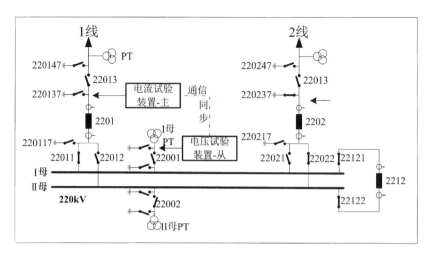

图 4-87 母线保护相位检验试验接线图

件调整电压、电流输出幅值相位,检验线路保护装置等装置二次幅值、相位的正确性。可以分别进行"母线差动保护相位检验""中性线检验"等试验。

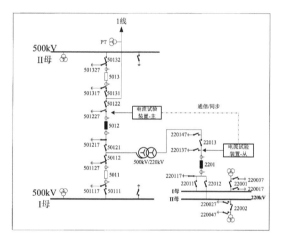

图 4-88 变压器保护相位检验试验接线图

• 变压器保护相位检验试验(图 4-88)

将两台三相电流试验装置产生的可调一次电流分别注入变压器高压侧/低压侧差保护用CT,使电流互感器二次输出大于 30 mA,满足保护装置精确工作电流及电流相位表测试要求。使用软件远程控制,输入变压器各侧 CT 变比、变压器参数、输出幅值,即可模拟现有变压器 Y/△11、Y/△1、Y/Y0 等接线方式输出角度进行自动测试。可以分别进行"变压器模拟带负荷差动保护检查""变压器差动保护模拟差流检查""变压器差动保护中性线检验"等试验。

三、500 kV 系统继电保护相位检验试验

500 kV 系统继电保护相位检验试验,以两个完整串结构为示例,其他串同理进行试验。试验时,线路保护和母线保护同时进行。

500 kV 变电站继电保护相位检验试验,为了减小电流回路阻抗,宜选择相应试验场地中间位置的输电线,将该线线路侧作为电流通入点。试验过程中,电流试验装置固定放置在该输电线路间隔,电压试验装置放在对应的电压互感器位置。通过倒闸操作配合完成变电站所有继电保护相位的检验工作。

试验以 2 号线线路为例,试验线路为非电流通入间隔,其他线路同理进行试验。2 号线

线路保护(边断路器)及Ⅱ母线保护相位检验试验接线如图 4-89 所示。2 号线线路电压互感器一次已断引,电压装置经升压器输出三相电压,分别接引到电压互感器一次接线端。将 500 kV 1 号线线路作为电流通入点,502 317 接地刀闸作为短路点。

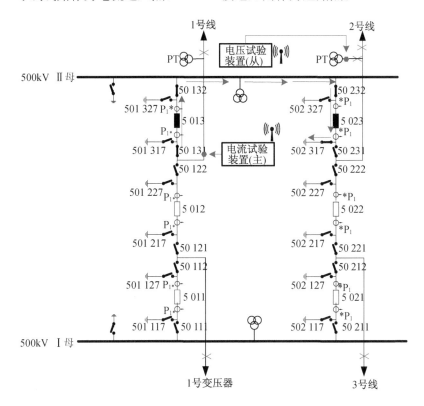

图 4-89　500 kV 2 号线线路保护相位检验试验接线图

　　分别设置好电流试验装置和电压试验装置参数并同步,模拟线路带感性负荷相位检验试验设置值见表 4-6,开始试验。检验并记录线路/母线保护装置的幅值和相位。

表 4-6　模拟线路带感性负荷相位检验试验数据

项目	装置一次加量设置值		保护装置应显示值（二次理论值）					
	电流	电压	I_a	I_b	I_c	U_a	U_b	U_c
试验幅值	200 A	5 kV	50 mA	50 mA	50 mA	1 V	1 V	1 V
试验相位	330°	0°	330°	210°	90°	0°	240°	120°

　　电流互感器变比:4 000 A/1 A。电压互感器变比:500/$\sqrt{3}$ kV / 0.1/$\sqrt{3}$ kV。

　　注:1. 电压、电流二次值以实际电压、电流互感器变比为准进行折算。

　　　　2. 一次加量值为 A 相幅值和相位,B 相和 C 相电流、电压加量值皆为正相序设置。

四、220 kV 系统继电保护相位检验试验

220 kV 系统继电保护相位检验试验，以双母双分段结构，线路保护使用线路电压互感器电压为例。

（一）线路保护相位检验试验

试验以 3 号线线路为例，试验线路为非电流通入间隔。其他线路同理进行试验。3 号线线路保护相位检验试验接线如图 4-90 所示。3 号线线路电压互感器和线路一次已断引，电压试验装置经升压器输出三相电压，分别接引到电压互感器一次接线端。将断开接地引线的 220 kV 2 号线 220 267 接地刀闸作为电流通入点，220 367 接地刀闸作为短路点。

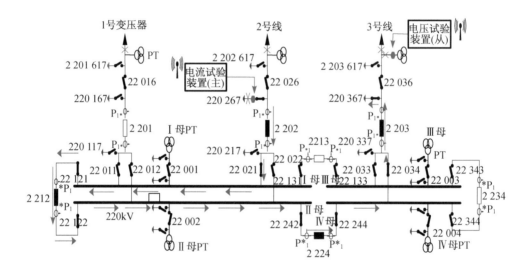

图 4-90　220 kV 3 号线线路保护相位检验试验接线图

分别设置好电流试验装置和电压试验装置参数并同步，模拟线路带感性负荷相位检验试验设置值见表 4-7，开始试验。检验并记录线路保护装置的幅值和相位。

表 4-7　模拟线路带感性负荷相位检验试验数据

项目	装置一次加量设置值		保护装置应显示值（二次理论值）					
	电流	电压	I_a	I_b	I_c	U_a	U_b	U_c
试验幅值	125 A	2.2 kV	50 mA	50 mA	50 mA	1 V	1 V	1 V
试验相位	330°	0°	330°	210°	90°	0°	240°	120°

电流互感器变比：2 500 A/1 A。电压互感器变比：220/$\sqrt{3}$ kV / 0.1/$\sqrt{3}$ kV。
注：1. 电压、电流二次值以实际电压、电流互感器变比为准进行折算。
　　2. 一次加量值为 A 相幅值和相位，B 相和 C 相电流、电压加量值皆为正相序设置。

（二）母线差动保护相位检验试验

220 kV 系统继电保护相位检验试验时，220 kV 母联断路器保护以及 220 kV 分段断路

器保护同 220 kV 母线差动保护相位检验试验同时进行。试验以 2 号线和 3 号线间隔为例，以 2 号线为电流通入点，以 3 号线为电流流出点，检验Ⅱ、Ⅳ母分段保护装置相位，Ⅰ、Ⅱ母线保护装置相位和Ⅲ、Ⅳ母线保护装置相位。其他母线上线路同理进行试验。220 kV 母线差动保护（带Ⅱ、Ⅳ分段）相位检验试验接线如图 4-91 所示。母线电压互感器和线路一次断引，电压试验装置经升压器输出三相电压，分别接引到电压互感器一次接线端。将断开接地引线的 220 kV 2 号线 220 267 接地刀闸作为电流通入点，220 367 接地刀闸作为短路点。

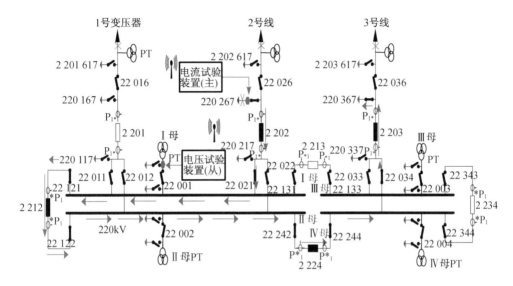

图 4-91　220 kV 母线差动保护相位检验试验现场接线图

分别设置好电流试验装置和电压试验装置参数并同步，母线差动保护相位检验试验设置值见表 4-8，开始试验。检验并记录母线保护装置和分段保护装置的幅值和相位。

表 4-8　母线差动保护相位检验试验（带Ⅱ、Ⅳ分段）数据

项目	装置一次加量设置值		保护装置应显示值（二次理论值）						分段 2 224	母联 2 212
	电流	电压	2 号线			3 号线				
			I_a	I_b	I_c	I_a	I_b	I_c	$I_a/I_b/I_c$	$I_a/I_b/I_c$
试验幅值	125 A	2.2 kV	50 mA	50 mA	50 mA	50 mA	50 mA	50 mA	50 mA	50 mA
试验相位	330°	0°	150°	30°	270°	330°	210°	90°	正相序	正相序

线路电流互感器变比：2 500 A/1 A。母联、分段电流互感器变比：2 500 A/1 A。电压互感器变比：220/√3 kV / 0.1/√3 kV。

注：1. 电压、电流二次值以实际电压、电流互感器变比为准进行折算。

2. 一次加量值为 A 相幅值和相位，B 相和 C 相电流、电压加量值皆为正相序设置。

五、变压器差动保护相位检验试验

（一）变压器差动保护相位检验试验

以高压侧（边断路器）对中压侧差动保护相位检验试验为例，相位检验试验接线如图4-92所示。变压器高压侧电压互感器一次断引，电压试验装置输出三相电压，分别接引到电压互感器一次接线端。500 kV 高压侧：将 500 kV 1 号线线路作为电流通入点，501 127 接地刀闸作为短路点。220 kV 中压侧：将断开接地引线的 220 kV 2 号线 220 267 接地刀闸作为电流通入点，220 167 接地刀闸作为短路点。

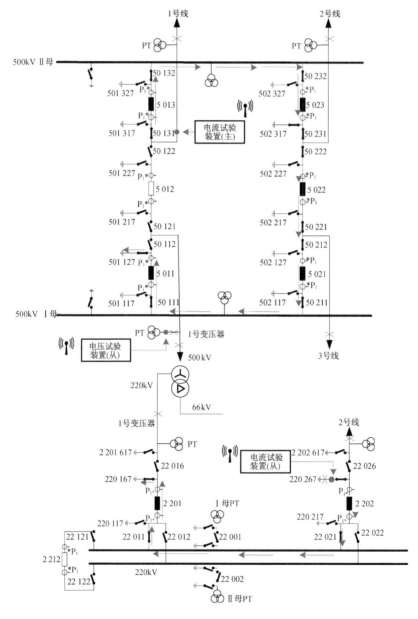

图 4-92　变压器差动保护相位检验试验接线图

变压器高压侧电流方向为流入变压器,变压器中压侧电流方向为流入变压器。分别设置好两台电流试验装置和一台电压试验装置参数并同步,试验设置值见表4-9,开始试验,检验变压器保护装置。

表4-9　1号变压器高压侧(边断路器)对中压侧差动保护相位检验试验数据

项目	装置一次加量设置值			保护装置应显示值(二次理论值)								
	高压侧电流	中压侧电流	电压	I_{h1a}	I_{h1b}	I_{h1c}	I_{ma}	I_{mb}	I_{mc}	U_a	U_b	U_c
试验幅值	132 A	300 A	5 kV	33 mA	33 mA	33 mA	75 mA	75 mA	75 mA	1 V	1 V	1 V
试验相位	0°	180°	0°	0°	240°	120°	180°	60°	300°	0°	240°	120°

变压器变比:500 kV/220 kV/66 kV。组别 Y-Y-Δ11,S_N=1 000 MVA。
高压侧 CT 变比:4 000 A/1 A。中压侧 CT 变比:4 000 A/1 A。
注:1. 电压、电流二次值以实际电压、电流互感器变比为准进行折算。
　　2. 一次加量值为 A 相幅值和相位,B 相和 C 相电流、电压加量值皆为正相序设置。

(二)变压器零序电流保护相位检验试验

变压器零序电流保护相位检验试验接线如图4-93所示。将电流试验装置放在变压器中性点接地刀闸附近,1号变压器中性点接地刀闸下口作为电流通入点。电流试验装置输出的 A 相电流,通过变压器零序电流互感器,经接地线流回试验装置。

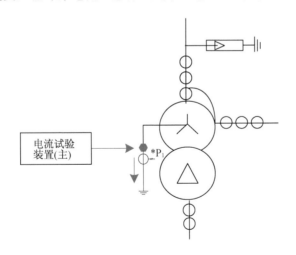

图 4-93　变压器零序电流保护相位检验试验接线图

设置好电流试验装置参数,见表4-10。开始试验,检验变压器保护装置。

表 4-10 变压器零序电流保护相位检验试验数据

项目	装置一次加量设置值	保护装置应显示值(二次理论值)
	单相电流	I_0
试验幅值	100 A	100 mA
试验相位	0°	—

零序电流互感器变比:1 000 A/1 A。

注:1. 电流二次值以实际电流互感器变比为准进行折算。

　　2. 一次加量值为 A 相幅值和相位。

参考文献

［1］IEC 60870-5，Telecontrol Equipment and Systems.［S］.

［2］IEC 61850-9-1，Communication Networks and System in Substations Part 9-1：Specific Communication Service Mapping（SCSM）-Sampled Values over Serial Unidirectional Multidrop Point to Point Link ［S］.

［3］IEC 61850-9-2，Communication Networks and System in Substation Part 9-2：Specific Communication Service Mapping（SCSM）-Sampled Values over ISO/IEC 8802.3［S］.

［4］IEC 60044-7—1999，Instrument Transformers Part7：Electronic voltage transformers［S］.

［5］IEC 60044-8—2002，Instrument Transformer Part8：Electronic current transformers［S］.

［6］DL/T 478—2013,继电保护和安全自动装置通用技术条件［S］.

［7］DL/T 282—2018,合并单元技术条件［S］.

［8］GB/T 34132—2017,智能变电站智能终端装置通用技术条件［S］.

［9］DL/T 1241—2013,电力工业以太网交换机技术规范［S］.

［10］樊陈,倪益民,窦仁辉,等.智能变电站过程层组网方案分析［J］.电力系统自动化,2011,35(18)：67 -71.

［11］王文龙,刘明慧.智能变电站中 SMV 网和 GOOSE 网共网可能性探讨［J］.中国电机工程学报,2011, 31(S1)：55-59.

［12］PSL-603U 线路保护装置说明书［Z］.

［13］PST-1200U 变压器保护装置说明书［Z］.

［14］SGB-750 母线保护装置说明书［Z］.

［15］PSP-641U 备用电源自投装置技术说明书［Z］.

［16］PSL-643U 母联保护测控装置技术说明书［Z］.

［17］PSL-646U 线路保护测控装置技术说明书［Z］.

［18］PSMU 602 合并单元(模拟量采样)说明书［Z］.

［19］PSIU-621ILA-G 三相智能终端说明书［Z］.